同济博士论丛
TONGJI Dissertation Series

总主编 伍 江 副总主编 雷星晖

谢 欢 童小华 著

机载激光数据辅助的高光谱遥感影像
面向对象分类和精度分析

Object-based Classification and Accuracy Assessment of
Hyperspectral Image - Using Airborne Laser Scanning
Data as An Aid

同济大学 出版社
TONGJI UNIVERSITY PRESS

内 容 提 要

本书主要研究了激光雷达数据的处理与集成方法;改进的面向对象的高光谱遥感影像;遥感分类专题数据精度评价的空间抽样检验方法。本书的主要创新工作在:集成了高光谱信息和高度信息,改进了基于光谱特征和像素的二进制编码方法;提出了基于概率的二进制编码匹配思想,建立了各种特征的概率模型;发现了用于影响目标地物提取的五个主要形状因子参数;提出了遥感数据分类精度评价的多层空间抽样方法,建立了多层空间抽样模型,为遥感数据分类的精度分析与评价提供了一种有效方法。

本书适用于测绘科学与技术、摄影测量与遥感等相关专业和领域的读者阅读。

图书在版编目(CIP)数据

机载激光数据辅助的高光谱遥感影像面向对象分类和精度分析/谢欢,童小华著. —上海:同济大学出版社,
2017.8
(同济博士论丛/伍江总主编)
ISBN 978 - 7 - 5608 - 7027 - 4

Ⅰ. ①机… Ⅱ. ①谢…②童… Ⅲ. ①遥感图像-图像分析 Ⅳ. ①TP75

中国版本图书馆 CIP 数据核字(2017)第 093503 号

机载激光数据辅助的高光谱遥感影像面向对象分类和精度分析

谢 欢 童小华 著

出 品 人 华春荣　　责任编辑 李 杰　胡晗欣
责任校对 谢卫奋　　封面设计 陈益平

出版发行 同济大学出版社　www.tongjipress.com.cn
　　　　　(地址:上海市四平路 1239 号　邮编:200092　电话:021-65985622)
经　　销 全国各地新华书店
排版制作 南京展望文化发展有限公司
印　　刷 浙江广育爱多印务有限公司
开　　本 787 mm×1092 mm　1/16
印　　张 12.75
字　　数 255000
版　　次 2017 年 8 月第 1 版　2017 年 8 月第 1 次印刷
书　　号 ISBN 978 - 7 - 5608 - 7027 - 4

定　　价 88.00 元

"同济博士论丛"编写领导小组

组　　　长：杨贤金　钟志华

副 组 长：伍　江　江　波

成　　　员：方守恩　蔡达峰　马锦明　姜富明　吴志强
　　　　　　徐建平　吕培明　顾祥林　雷星晖

办公室成员：李　兰　华春荣　段存广　姚建中

袁万城　莫天伟　夏四清　顾　明　顾祥林　钱梦騄
徐　政　徐　鉴　徐立鸿　徐亚伟　凌建明　高乃云
郭忠印　唐子来　阎耀保　黄一如　黄宏伟　黄茂松
戚正武　彭正龙　葛耀君　董德存　蒋昌俊　韩传峰
童小华　曾国苏　楼梦麟　路秉杰　蔡永洁　蔡克峰
薛　雷　霍佳震

秘书组成员：谢永生　赵泽毓　熊磊丽　胡晗欣　卢元姗　蒋卓文

总　序

在同济大学 110 周年华诞之际，喜闻"同济博士论丛"将正式出版发行，倍感欣慰。记得在 100 周年校庆时，我曾以《百年同济，大学对社会的承诺》为题作了演讲，如今看到付梓的"同济博士论丛"，我想这就是大学对社会承诺的一种体现。这 110 部学术著作不仅包含了同济大学近 10 年 100 多位优秀博士研究生的学术科研成果，也展现了同济大学围绕国家战略开展学科建设、发展自我特色，向建设世界一流大学的目标迈出的坚实步伐。

坐落于东海之滨的同济大学，历经 110 年历史风云，承古续今、汇聚东西，秉持"与祖国同行、以科教济世"的理念，发扬自强不息、追求卓越的精神，在复兴中华的征程中同舟共济、砥砺前行，谱写了一幅幅辉煌壮美的篇章。创校至今，同济大学培养了数十万工作在祖国各条战线上的人才，包括人们常提到的贝时璋、李国豪、裘法祖、吴孟超等一批著名教授。正是这些专家学者培养了一代又一代的博士研究生，薪火相传，将同济大学的科学研究和学科建设一步步推向高峰。

大学有其社会责任，她的社会责任就是融入国家的创新体系之中，成为国家创新战略的实践者。党的十八大以来，以习近平同志为核心的党中央高度重视科技创新，对实施创新驱动发展战略作出一系列重大决策部署。党的十八届五中全会把创新发展作为五大发展理念之首，强调创新是引领发展的第一动力，要求充分发挥科技创新在全面创新中的引领作用。要把创新驱动发展作为国家的优先战略，以科技创新为核心带动全面创新，以体制机制改革激发创新活力,以高效率的创新体系支撑高水平的创新型国家建设。作为人才培养和科技创新的重要平台,大学是国家创新体系的重要组成部分。同济大学理当围绕国家战略目标的实现,作出更大的贡献。

大学的根本任务是培养人才,同济大学走出了一条特色鲜明的道路。无论是本科教育、研究生教育,还是这些年摸索总结出的导师制、人才培养特区,"卓越人才培养"的做法取得了很好的成绩。聚焦创新驱动转型发展战略,同济大学推进科研管理体系改革和重大科研基地平台建设。以贯穿人才培养全过程的一流创新创业教育助力创新驱动发展战略,实现创新创业教育的全覆盖,培养具有一流创新力、组织力和行动力的卓越人才。"同济博士论丛"的出版不仅是对同济大学人才培养成果的集中展示,更将进一步推动同济大学围绕国家战略开展学科建设、发展自我特色、明确大学定位、培养创新人才。

面对新形势、新任务、新挑战,我们必须增强忧患意识,扎根中国大地,朝着建设世界一流大学的目标,深化改革,勠力前行!

万　钢

2017 年 5 月

论丛前言

承古续今，汇聚东西，百年同济秉持"与祖国同行、以科教济世"的理念，注重人才培养、科学研究、社会服务、文化传承创新和国际合作交流，自强不息，追求卓越。特别是近 20 年来，同济大学坚持把论文写在祖国的大地上，各学科都培养了一大批博士优秀人才，发表了数以千计的学术研究论文。这些论文不但反映了同济大学培养人才能力和学术研究的水平，而且也促进了学科的发展和国家的建设。多年来，我一直希望能有机会将我们同济大学的优秀博士论文集中整理，分类出版，让更多的读者获得分享。值此同济大学110 周年校庆之际，在学校的支持下，"同济博士论丛"得以顺利出版。

"同济博士论丛"的出版组织工作启动于 2016 年 9 月，计划在同济大学110 周年校庆之际出版 110 部同济大学的优秀博士论文。我们在数千篇博士论文中，聚焦于 2005—2016 年十多年间的优秀博士学位论文 430 余篇，经各院系征询，导师和博士积极响应并同意，遴选出近 170 篇，涵盖了同济的大部分学科：土木工程、城乡规划学（含建筑、风景园林）、海洋科学、交通运输工程、车辆工程、环境科学与工程、数学、材料工程、测绘科学与工程、机械工程、计算机科学与技术、医学、工程管理、哲学等。作为"同济博士论丛"出版工程的开端，在校庆之际首批集中出版 110 余部，其余也将陆续出版。

博士学位论文是反映博士研究生培养质量的重要方面。同济大学一直将立德树人作为根本任务，把培养高素质人才摆在首位，认真探索全面提高博士研究生质量的有效途径和机制。因此，"同济博士论丛"的出版集中展示同济大学博士研究生培养与科研成果,体现对同济大学学术文化的传承。

"同济博士论丛"作为重要的科研文献资源,系统、全面、具体地反映了同济大学各学科专业前沿领域的科研成果和发展状况。它的出版是扩大传播同济科研成果和学术影响力的重要途径。博士论文的研究对象中不少是"国家自然科学基金"等科研基金资助的项目,具有明确的创新性和学术性,具有极高的学术价值,对我国的经济、文化、社会发展具有一定的理论和实践指导意义。

"同济博士论丛"的出版,将会调动同济广大科研人员的积极性,促进多学科学术交流、加速人才的发掘和人才的成长,有助于提高同济在国内外的竞争力,为实现同济大学扎根中国大地,建设世界一流大学的目标愿景做好基础性工作。

虽然同济已经发展成为一所特色鲜明、具有国际影响力的综合性、研究型大学,但与世界一流大学之间仍然存在着一定差距。"同济博士论丛"所反映的学术水平需要不断提高,同时在很短的时间内编辑出版110余部著作,必然存在一些不足之处,恳请广大学者,特别是有关专家提出批评,为提高同济人才培养质量和同济的学科建设提供宝贵意见。

最后感谢研究生院、出版社以及各院系的协作与支持。希望"同济博士论丛"能持续出版,并借助新媒体以电子书、知识库等多种方式呈现,以期成为展现同济学术成果、服务社会的一个可持续的出版品牌。为继续扎根中国大地,培育卓越英才,建设世界一流大学服务。

伍 江

2017 年 5 月

前　言

高光谱遥感数据和机载激光雷达数据是两类不同特性的遥感数据。高光谱遥感数据具有丰富详细的地物光谱信息;而机载激光雷达数据是高密度的地面三维点云数据,具有较高的平面坐标精度和高程精度,但由这些散点描述的地物不连续,对地物的形状和属性等信息表达不足。因此,高光谱遥感数据的光谱信息与机载激光雷达的高程信息相结合,同时结合遥感影像的地物轮廓与形状等其他信息,进行基于特征(对象)的高光谱遥感分类,将有助于更好地实现遥感的地物分类与提取。这是本书研究的主题之一。同时,如何对遥感数据分类的精度进行评价一直是一个难题,特别是当用于精度评价的参考数据较难获取的时候。本书研究的主题之二即是基于空间抽样检验理论的遥感数据分类的精度分析与评价。

本书的主要研究目标包括:

(1)综合集成的遥感数据中获取的地物光谱、形状、大小和高程等信息,提出改进的面向对象的高光谱遥感影像分类方法;

(2)针对遥感数据分类的精度评价问题,提出评价遥感数据分类的多层空间抽样检验和评价方法。

本书的主要研究内容包括：综述国内外已有的研究并分析存在的问题，实现高光谱遥感数据和机载激光雷达数据的处理与集成方法；研究改进的面向对象的高光谱遥感影像二进制编码分类方法；研究遥感分类专题数据精度评价的空间抽样检验方法。

本书的主要创新工作在于：

(1) 集成了高光谱信息和高度信息等，改进了基于光谱特征和像素的二进制编码法，提出了基于对象的集成多种特征的高光谱遥感数据分类方法，实现了与目前常用方法相比更少的训练样本和更高的分类精度；

(2) 提出了基于概率的二进制编码匹配思想，建立了各种特征的概率模型，实现了二进制编码的最小距离和最大概率匹配算法；

(3) 发现了用于影响目标地物提取的五个主要形状因子参数：长宽比、面积、紧致度、矩形系数、不对称性，提出了基于直方图分析和积分值的形状因子最优编码规则和长度，揭示了编码长度对分类和地物提取的精度影响规律；

(4) 提出了遥感数据分类精度评价的多层空间抽样方法，建立了多层空间抽样的模型，实现了在不改变抽样量的基础上，利用其他辅助信息，提高空间抽样的精度和准确性，在用于精度评价的参考数据难以获取的情况下，为遥感数据分类的精度分析与评价提供了一种有效方法。

本书的主要工作和结论包括：

(1) 研究和提出了一种改进的二进制编码方法(Improved Binary Encoding, IBE)。原有的二进制编码法根据光谱特征进行遥感数据分类，是一种基于像素(Pixel)的分类方法；而本书改进的二进制编码方法以面向对象理论为基础，是一种基于对象(Object)的遥感数据分类方法。同时，改进的编码方法实现了高光谱数据和机载激光雷达数据等多信息集成。根据提出的 IBE 法的规则、实际经验和用户需求,本书研究了目标地物信息的二进制编码表达方法,建立了 280 位的编码长度的图像对象和地物目标信息表达。

(2)研究了将概率引入改进的二进制编码法的特征匹配方法。实现了目标编码和图像编码的最小距离匹配方法和最大概率匹配方法,提出了光谱、形状、高度等特征的概率模型,建立了整体概率的计算和权重设置。继而论证了不同的归属概率算法及参数对分类精度的影响,得出了如下结论:形状和高度信息的加入,有效地提高了高光谱遥感数据分类的精度,但若过于强调形状的权重将降低分类的精度。

(3)定量研究了形状因子对高光谱遥感分类的影响,发现了长宽比、面积、紧致度、矩形系数、不对称性这五个参数是适宜于提取目标地物的重要因子。根据选取的形状因子,研究了改进的二进制编码方法中的形状因子的编码规则和编码长度,提出了依据形状因子直方图分布形状和积分值的最优编码规则,提出了对于每个形状或区域因子,5 位编码是在计算量和分类效率中取得较好平衡的编码长度,而不同形状因子的性质和直方图形状是决定最优编码原则的重要因素。

(4)基于本书提出的改进的二进制编码方法进行了高光谱遥感影像的分类实验。在同等的实验条件下与最大似然、最小距离、马氏距离、平行六面体、二进制编码等分类方法相比,本书提出的方法没有最小训练样本要求,并且获取了更高的分类精度,精度提高了 4.2%～57.8%,证明了该方法的可行性。

(5)研究并提出了遥感数据分类精度评价的多层空间抽样方法。建立了多层空间抽样的模型,旨在不改变抽样量的基础上,利用其他辅助信息,提高抽样的精度和准确性。通过对研究区三种不同精度的分类数据的对比实验,结果表明:采用分层随机抽样或空间随机抽样方法提高了抽样的精度；不同精度的遥感专题数据，其抽样精度受抽样方法的影响程度不同；对于精度情况未知或较差的数据，更适合使用空间格网抽样的抽样方法。对于在用于精度评价的参考数据难以获取的情况下，本书为遥感数据分类的精度分析与评价提供了一种有效方法。

目 录

总序

论丛前言

前言

第 1 章　绪论 ……………………………………………………………… 1

　1.1　选题背景 ………………………………………………………… 1

　1.2　国内外研究现状 ………………………………………………… 3

　　1.2.1　高光谱遥感影像信息提取与分类研究现状 ………… 3

　　1.2.2　机载激光数据处理与信息提取研究现状 …………… 6

　　1.2.3　面向对象的分类研究现状 …………………………… 9

　　1.2.4　遥感数据分类精度评价中的抽样研究现状 ……… 10

　1.3　目前研究中存在的问题 ……………………………………… 12

　1.4　本书的研究内容与方法 ……………………………………… 14

　　1.4.1　研究内容 ……………………………………………… 14

　　1.4.2　研究方法与目的 ……………………………………… 16

　1.5　本书的结构组织 ……………………………………………… 19

第2章 遥感数据集成处理与分类及精度抽样评价理论基础 ············· 20

  2.1 高光谱遥感影像的处理 ······························· 21

    2.1.1 HyMAP 几何纠正和正射纠正 ··················· 21

    2.1.2 HyMAP 辐射纠正 ····························· 22

  2.2 机载激光数据的处理 ······························· 23

    2.2.1 机载激光数据滤波处理 ····················· 23

    2.2.2 机载激光数据与高光谱遥感影像的影像匹配 ······· 24

  2.3 集成机载激光数据信息的高光谱遥感影像面向对象分类的理论

    基础 ··· 25

    2.3.1 图像直方图理论 ··························· 25

    2.3.2 图像分割与合并 ··························· 25

    2.3.3 二维物体形状表达方法 ····················· 26

    2.3.4 面向对象的影像分析 ······················· 26

  2.4 遥感数据分类精度评价和抽样的理论基础 ············· 27

    2.4.1 遥感专题数据精度评价方法 ················· 27

    2.4.2 统计抽样检验理论 ························· 27

  2.5 本章小结 ··· 28

第3章 改进的二进制编码法——一种集成高度信息的面向对象的

高光谱遥感影像分类提取方法 ······················· 29

  3.1 概述 ··· 29

  3.2 二进制编码法 ····································· 30

  3.3 研究方法 ··· 32

    3.3.1 研究区域简介 ····························· 32

    3.3.2 流程图 ··································· 33

    3.3.3 影像分割 ································· 35

    3.3.4 图像对象的二进制编码 ····················· 35

      3.3.5　目标对象的标准 ⋯⋯⋯⋯⋯⋯⋯⋯⋯⋯ 39

      3.3.6　特征匹配 ⋯⋯⋯⋯⋯⋯⋯⋯⋯⋯⋯⋯⋯ 40

   3.4　研究结果 ⋯⋯⋯⋯⋯⋯⋯⋯⋯⋯⋯⋯⋯⋯⋯⋯ 42

      3.4.1　分类目标 ⋯⋯⋯⋯⋯⋯⋯⋯⋯⋯⋯⋯⋯ 42

      3.4.2　分类实验 ⋯⋯⋯⋯⋯⋯⋯⋯⋯⋯⋯⋯⋯ 43

   3.5　本章小结 ⋯⋯⋯⋯⋯⋯⋯⋯⋯⋯⋯⋯⋯⋯⋯⋯ 51

第 4 章　引入概率的改进的二进制编码法与形状因子及编码长度
　　　　分析 ⋯⋯⋯⋯⋯⋯⋯⋯⋯⋯⋯⋯⋯⋯⋯⋯⋯⋯ 53

   4.1　概述 ⋯⋯⋯⋯⋯⋯⋯⋯⋯⋯⋯⋯⋯⋯⋯⋯⋯⋯ 53

   4.2　将概率引进特征匹配度的计算 ⋯⋯⋯⋯⋯⋯⋯ 54

      4.2.1　概率的计算 ⋯⋯⋯⋯⋯⋯⋯⋯⋯⋯⋯⋯ 54

      4.2.2　实验和比较 ⋯⋯⋯⋯⋯⋯⋯⋯⋯⋯⋯⋯ 58

      4.2.3　分析和讨论 ⋯⋯⋯⋯⋯⋯⋯⋯⋯⋯⋯⋯ 65

   4.3　如何选取合适的形状因子 ⋯⋯⋯⋯⋯⋯⋯⋯⋯ 66

      4.3.1　形状因子介绍 ⋯⋯⋯⋯⋯⋯⋯⋯⋯⋯⋯ 66

      4.3.2　实验和分析 ⋯⋯⋯⋯⋯⋯⋯⋯⋯⋯⋯⋯ 69

   4.4　如何选择合适的编码长度和规则 ⋯⋯⋯⋯⋯⋯ 76

      4.4.1　面积的编码 ⋯⋯⋯⋯⋯⋯⋯⋯⋯⋯⋯⋯ 77

      4.4.2　不对称性的编码 ⋯⋯⋯⋯⋯⋯⋯⋯⋯⋯ 80

      4.4.3　紧致度的编码 ⋯⋯⋯⋯⋯⋯⋯⋯⋯⋯⋯ 81

      4.4.4　长宽比的编码 ⋯⋯⋯⋯⋯⋯⋯⋯⋯⋯⋯ 82

      4.4.5　矩形系数的编码 ⋯⋯⋯⋯⋯⋯⋯⋯⋯⋯ 83

      4.4.6　高程的编码 ⋯⋯⋯⋯⋯⋯⋯⋯⋯⋯⋯⋯ 84

      4.4.7　分析和讨论 ⋯⋯⋯⋯⋯⋯⋯⋯⋯⋯⋯⋯ 85

   4.5　本章小结 ⋯⋯⋯⋯⋯⋯⋯⋯⋯⋯⋯⋯⋯⋯⋯⋯ 87

第 5 章 遥感影像分类的多层空间抽样精度评价 ·················· 90

  5.1 概述 ··· 90

  5.2 多层空间抽样策略 ··· 91

    5.2.1 多层空间抽样的概念 ··· 92

    5.2.2 多层空间抽样的流程 ··· 94

    5.2.3 抽样技术 ··· 95

  5.3 遥感影像分类数据多层空间抽样方案设计 ··············· 106

    5.3.1 数据情况介绍 ··· 106

    5.3.2 抽样设计 ··· 107

    5.3.3 分析和讨论 ··· 110

  5.4 实验与分析 ··· 111

    5.4.1 原始分类精度 ··· 113

    5.4.2 简单随机抽样 ··· 114

    5.4.3 空间格网随机抽样 ··· 121

    5.4.4 分层随机抽样 ··· 129

    5.4.5 分析和讨论 ··· 137

  5.5 本章小结 ··· 147

第 6 章 结论与展望 ··· 148

附录 A HyMAP 定标系数 ·· 152

附录 B HyMAP 辐射改正系数 ·· 158

参考文献 ··· 162

后记 ··· 182

第*1*章

绪　论

1.1　选题背景

　　高光谱技术起步于 20 世纪 80 年代,发展于 90 年代,至今已解决了一系列重大的技术问题,如高光谱的定标和定量问题,成像光谱图像信息的可视化及多维表达问题、图像-光谱变换和光谱信息提取、大数据量信息处理、光谱匹配和光谱识别、分类等问题。目前高光谱遥感正从实验研究阶段转向实际应用阶段,从航空系统为主转向航空和航天高光谱遥感系统相结合的阶段。传感器的地面分辨率和光谱分辨率提高的同时,运载平台也从航空飞机发展到了航天卫星。高光谱遥感数据处理分析方法主要包括如下内容:高光谱遥感数据降维(压缩)方法研究,基于光谱空间的分析方法,基于特征空间的分析方法等。高光谱遥感的重要特性就在于它能够获取地表地物的高维光谱特征,可以更有效地对地表物质进行识别和分类,进而更有效地提取地表有用的特征信息。

　　机载激光扫描获取地面三维数据的系统是一种先进的主动传感系统,该系统发射受控制的激光以照射地面和地面上的目标,不依赖太阳光照,是一个可以全天时获得地面三维数据的系统。它直接获取地面三维数据比传统测量方法具有高精度、高密集、高效率和成本低的优点，是目前摄影测量及遥感发展的前沿领域。自从20世纪80年代机载激光地形扫描技术取得重大突破以来，德国、荷兰、美国、加拿大等相关科研机构均对激光扫描测高和提取地形特征相关技术进行了研究，并在20世纪末得到了蓬勃发展，其应用范围也逐渐扩大。我国的机载激光雷达技术在硬件研制和软件开发上目前还属于起步阶段，有关的大学和研究机构已经准备引进机载激光雷达设备，也有上海、北京等城市的测绘生产部门已经进行了机载激光雷达的试飞，取得了一些实验数据，但是还没有正式将机载激光雷达数据作为地形测量及DEM生产的主要手段。

目前的机载激光雷达技术发展较快，已经能够同时记录多次回波位置信息和回波强度信息，并且能提供同一区域的数码相片和波形数据。另一方面，相对于目前机载激光扫描测高硬件的发展，其数据处理算法相对滞后，单纯依靠机载激光扫描测高数据进行地物提取还有相当长的路要走，特别是对结果的可靠性和准确性来讲还有待提高，如果能融合影像数据、多光谱数据、地面已知GIS数据等，相互补充，充分利用各自的优势，有望取得满意的效果。

由上可以看出，高光谱遥感数据和机载激光雷达数据是两类不同特性的遥感数据，其中高光谱遥感数据的具有丰富详细的地物光谱信息；而机载激光雷达数据是高密度的地面三维点云数据，具有较高的平面坐标和高程精度，但由这些散点描述的地物不连续，对地物的形状和属性等信息表达不足。因此，高光谱遥感数据的光谱信息与机载激光雷达的高程信息相结合，同时结合遥感影像的地物轮廓与形状等其他信息，进行基于特征（对象）的高光谱遥感分类，将有助于更好地实现遥感的地物分类与提取。

在使用本书所提出的方法进行分类实验精度评价时，笔者考虑了获取参考分类影像困难的情况。如果无法得到参考分类影像，又无法去实地采集数据，该如何对分类的精度进行评价？这就引出了本书第二部分讨论的内容：如果不存在这样的分类参考影像，或者存在其他的一些有用信息却无法作为分类参考的 100% 依据时（如分类参考影像的时相与当前数据不同，或者参考数据为文档、表格等数据），或者有大量数据需要进行精度检查和评价时，该如何检查数据的精度？这不仅仅是一个对遥感数据分类的精度评价问题，因为现实情况中存在完整的参考数据的概率或即使存在参考数据而可以依此对所有专题图进行全部检查的概率，都是非常低的。在对遥感专题数据进行质量检查的时候，往往是待检查的数据有一大堆，其他可以作为参考的不同数据和信息也为数不少，如何在现有参考数据和信息的基础上采用适当的方法进行抽样并对遥感专题数据的质量进行评价。本书的选题思路正是源于这两方面。

1.2　国内外研究现状

1.2.1　高光谱遥感影像信息提取与分类研究现状

高光谱技术，又称为成像光谱技术，是 21 世纪遥感技术的发展前沿和当今遥感界关注的焦点之一。从 1983 年第一台高光谱分辨率航空成像光谱仪问世以来，经过短短十多年的发展，高光谱遥感技术已经在很多领域得到了成功的应用，显示出很大的潜力和广阔的发展前景。

利用成像光谱仪进行高光谱分辨率遥感时，要利用很多很窄的电磁波段从感兴趣的物体获取有关数据，其基础是测谱学（Spectroscopy）。测谱学早在 20 世纪初就被用于识别分子、原子及其结构，而成像光谱学（Imaging Spectroscopy）则到了 20 世纪 80 年代才开始建立，它是在电磁波谱的紫外、可见光、近红外和中红外区域，获取许多非常窄且光谱连续的图像数据的技术。成像光谱仪以纳米量级的波段宽度对地表目标进行连续的光谱成像，为每个像元提供数十至数百个窄波段（通常波段宽度小于

10 nm)的光谱信息。高光谱数据是一个光谱图像的立方体(图 1-1),在以波长为横轴、灰度值为纵轴的坐标系之中,高光谱图像上的每个像元点在各波段的灰度值都可形成一条精细的光谱曲线,该曲线反映了地表物质与电磁波的相互作用形成的特定的光谱辐射特性。获取的这种光谱数据能用于多学科的研究和应用。

图 1-1　高光谱数据立方体(陆家嘴局部区域,上海,PHI 传感器)

研究表明,许多地表物质的吸收特征在吸收峰深度一半处的宽度为 20~40 nm,由于成像光谱系统获得的连续波段宽度一般在 10 nm 以内,因此,这种数据能以足够的光谱分辨率区分出那些具有诊断性光谱特征的地表物质。这一点在地质矿物分类及成图上具有广泛的应用前景。在地物探测和环境监测研究中,利用高光谱遥感数据,可采用确定性方法或模型,而不像宽波段遥感采用统计方法或模型,其主要原因也是成像光谱测定法能提供丰富的光谱信息。并借此定义特殊的光谱特征。另外,航天高光谱遥感可应用于水体污染管理、城市规划、土地分类利用、植被分类和测绘、农业估产、病虫害分析、干旱分析、洪涝分析、火灾分析、地质分析、矿产调查、考古勘察、海岸带和海洋生态研究、大气探测等多种领域。

目前,高光谱遥感数据分析方法[1]主要有两个方向,第一是基于光谱空间的分析方法,其基本原理是化学分析领域常用的光谱分析技术。主要是通过分析不同地物的光谱曲线表现出的不同光谱特征,来达到地物识别的目的,其中张立福(2005)提出了一种通用的光谱模式分解算法,该算法与传感器无关,适宜用高光谱数据的光谱分解和植被指数建立[2],张连蓬(2003)建立了一种多方向投影追踪算法,用于高光谱数据的特征提取与分类[3]。利用光谱分析技术对高光谱进行研究方面比较成熟的方法有光谱角填图技术:如 Kruse 等(1988,1992)认为光谱角填图技术可以有效地进行矿物的提取[4-5];线性光谱解混技术:如 Boradman(1993)使用基于凸面几何的原理对 Aviris 光谱进行了混合光谱分解研究[6],Robinson 等(2000)对两种的混合象元分解应用于图像融合的方法进行了比较分析[7],Keshave(2002)对光谱解混技术中存在的假设和适用性问题进行了统一探讨[8],Goodman 等(2004)应用光谱解混技术对夏威夷岛附近的珊瑚礁进行了分类[9];光谱匹配滤波技术:如 Klatt(1976)提出了一种光谱匹配滤波的方法,填补了当时该方面研究的空白[10];光谱特征匹配技术:如 Homayouni 和 Roux(2004)使用光谱匹配的方法对矿物制图[11],Van der Meer 和 Bakker(1997)提出了一种光谱相关性匹配技术[12]。

高光谱遥感数据分析的第二个方向是基于特征空间的统计分析技术,该方向的基本思想是把组成光谱曲线的各光谱波段组成高维空间的一个矢量,进而用空间统计分析的方法分析不同地物在特征空间中的分布规律,常用的方法包括神经网络、支持向量机等:如 Melgani 和 Bruzzone(2004)实用支持向量机对高光谱影像进行了分类研究[13],Pal 和 Mather(2004)对使用支持向量机的分类研究进行了精度分析[14],Mutanga 和 Skidmore(2004)集成神经网络和高光谱数据对草质进行了监测[15],Camps-Valls 和 Bruzzone(2005)比较了几种基于 Kernel 的高光谱分类方法,对基于神经网络、支持向量机等方法进行了分析[16],Goel 等(2003)用决策树和人工神经网络对玉米的氮含量等进行了分析[17],我国的刘志刚

(2004)研究了在光谱遥感影像分类中与支持向量机有关的若干问题[18],谷延峰研究了基于核方法的高光谱分类和目标提取[19],Rauss 等采用优化组合的基因算法对高光谱影像进行了分类研究[20]。

上述这两种分析方法各有优缺点,光谱分析技术更直接,且不需要太多的地面先验知识,但由于各种因素的影响,使得光谱曲线中往往存在许多噪声,为光谱特征比较带来一定困难,而基于特征空间的分析方法主要是基于统计规律得出判断,因而更能容忍噪声的影响,却需要一定数量的训练样本,需要一定的先验知识。

除此之外,经典的分类识别提取方法在高光谱数据上也有广泛应用,如 Jia(1997)在提出了一种基于块的最大似然算法[21],Rodarmel 和 Shan(2002)分析了高光谱研究中的主成分分析算法[22],Morhamed 和 Farag(2005)提出了基于最小错误概率的 Bayes 高维空间分类算法并将其应用于高光谱影像分割[23],Alam 等(2007)采用 K-均值聚类算法对高光谱影像中的目标进行检测[24],ISODATA 算法以及分层分类算法等在高光谱数据也有广泛应用[25-27],实践表明,这些算法在高光谱影像分类识别与提取中仍然具有应用价值。另外,Yamany 等(1999)研究了基于模糊评判的高光谱分类识别技术[28],Fang(2008)提出了一种基于神经模糊分析的高光谱影像分析方法[29]。

1.2.2　机载激光数据处理与信息提取研究现状

机载激光扫描(ALS, airborne laser scanning)是近来日趋流行的一种用于测量地表(建筑、地表、植被等的组合)位置精度的方法,它通过对地表多通道的扫描来获取地表位置,机载平台通过发射激光脉冲,每次脉冲的返回时间被随即记载,这样就能获取发射点到地表之间的距离。机载激光扫描的产品是 3D 空间的点云数据,并可以在相对较短的时间内获取高密度和精确的点云数据。然而,尽管 ALS 具有测量精确地物位置的作用,如何从 ALS 数据中自动检测单个地物目前仍面临着挑战。

目前已经发展了一些从 ALS 点云数据中获取裸露地表的算法,这类算法统称为过滤算法,一些实验证明这些算法在平坦和不复杂的地区效果较好,当出现陡峭山坡和地表不连续时,过滤效果往往会出现显著差别。这样的显著差别是由不同算法在探测大物体时,保持地表不连续性时的能力不同而导致的。

在激光雷达(Light Detecting and Ranging,Lidar)应用处理方法上,主要包括如下几类的研究:首先是 Lidar 数据获取 DEM 的方法和分析比较[30-33],国内外学者在这方面做了较多的研究,其中国外 Silván 和 Wang(2006)提出了一种用多尺度的赫尔墨特转换方法进行 Lidar 高度数据滤波的方法[34]。Lee 和 Nicolas(2003)提出了改进的线性预测滤波方法,能更好地从 Lidar 数据中提取 DEM[35]。Filin(2005)对常用的机载激光雷达数据的邻域定义方法进行分析,认为用传统的二维数据结构进行三维复杂结构物体的建模存在局限性,并提出了一种新的 Lidar 数据的邻域系统[36]。Shan(2005)研究使用"标识"的方法进行 Lidar 数据中地面点和数字地面模型 DEM 的区分[37]。Zhang(2005)等比较了三种从 Lidar 数据中移除非地面点的方法[38],包括高程阈值移动窗口法(ETEW),最大本地坡度法(MLS)和逐次形态学方法(PM)。Ma(2005)等认为形态学和分类的方法是常用的两类使用 Lidar 生成 DEM 和构建目标的方法[39],并提出了一种新的获取地面点和探测建筑物上点的方法和一种新的边界调整的方法。Vu(2004)使用小波分析[40],提出了一种改进的使用基于多分辨率分析的混合方法,能更好地对栅格的 Lidar 数据进行过滤,更快更精确地生成数字地面模型。

另一类较多研究的是从 Lidar 数据中获取地物数据的方法应用[41-48]。如 Zhang(2006)提出了从机载 Lidar 数据中自动获取建筑物脚点的一系列算法框架[49]。Gianfranco(2006)提出了使用 Lidar 数据进行建筑物三维建模的完整处理方法[50]。Fumiki(2006)使用高分辨率 Lidar 进行 LAI 等森林指数的估计[51]。Parrish(2005)研究了使用机载 Lidar 进行飞机场结构探测时,传感器和搭载平台等各类参数对机场结构探测的影响[52]。Yu(2006)进行了使用机载 Lidar 数据进行冠层树高测量的变换监测研究,并提出了一种树对树的匹配方法[53]。Nayegandhl(2006)认为集成多次独立"小脚点"的 Lidar 数据定义一个混合"大脚点"的波形数据是一种可能的描述植被树冠的垂直结构的方法[54]。另外还有部分学者对 Lidar 数据的精度等其他方面进行了研究,如 Hodgson(2004,2005)等对使用 Lidar 获取的高程数据进行了精度和误差分析,并对无叶区高程精度和坡度的关系进行了分析[55-56]。Chasmer(2006)研究 Lidar 脉冲的变化对针叶林冠层回波的影响[57]。

另外,在 Lidar 和其他数据的集成应用和方法上,Zhang(2005)等人利用数字地图、数字序列影像和 Lidar 数据进行建筑物信息的提取和三维重建[58]。Morris(2005)等人使用多光谱遥感影像和 Lidar 数据进行沼泽地特性的分析[59]。Koukoulas(2005)等人使用彩色航片、航空多光谱影像和 Lidar 数据进行了树冠层提取和树种识别的研究[60]。Thomas(2006)等利用高光谱影像和 Lidar 数据进行光合有效辐射比率 fPAR 值模型的构建[61]。Zhou(2004)等人研究了使用数字航空影像和 Lidar 数据进行城市三维 GIS 模型的建立,其中研究了 Lidar 点云数据和影像数据建立联系的方法[62]。Hodgson(2003)等利用高分辨率数字彩色正射影像和多次回波 Lidar 表面的高程数据[63],使用了包括最大似然分类、光谱集群和专家系统等方法进行地块不透性的分析。Hablb(2005)等研究了一种利用线性特征进行摄影测量数据和 Lidar 数据的配准方法[64]。Zhu(2004)等研究使用激光扫描数据和航空影像进行自动道路提取的方法[65]。Gamba(2006)等使用 Lidar 和干涉合成孔径雷达(InSAR)数据进行建筑物的提取[66]。Mundt(2006)等使用高空间分辨率的高光谱数据和"小脚点"的 Lidar 数据进行半干旱灌木草原牧地的山艾树绘图和描述[67]。Ma(2004)研究了使用 Lidar 数据和航空影像进行建筑物重构的研究[69]。Collins(2003)使用了 Lidar 和多光谱遥感数据集成对阔叶树进行观测,并与实地检查结果进行了比较[70],Zeng(2002)用 Lidar 数据和多光谱数据进行了土地利用分类[71]等其他类似研究[72-77]。

1.2.3 面向对象的分类研究现状

自从 IKONOS、Quickbrid 等高空间分辨率影像出现以来,传统的利用面向像元的影像分类技术就面临着许多挑战,基于单象元的分类算法难以从高空间分辨率遥感数据中提取我们所需的信息[78]。例如,城市地面覆盖光谱的复杂性,使得基于象元的分析法在区分人为地物(道路、房屋等)和自然地物(植被、土壤和水体)方面受到特定的限制[79-80]。这样基于面向对象影像分割的分类算法应运而生,该算法一般来说分为两步[81-83]:第一步是对影像进行分割,并得到图像对象,图像对象定义为形状与光谱性质具有同质性的单个区域[84],景观生态学中也称为图斑或图块[85-86],分类的第二步是根据这些图像对象的属性和空间关系进行分类。

国内外对面向对象的分类应用和研究较多,面向对象研究的第一步,即影像分割早已得到了广泛研究,尤其是在模式识别研究领域[88-91],其中一种结合区域生长的图像对象的多尺度、多层次分析和分割方法 FENA[92] (Fractal Net Evolution Approach by Baaz and Schipe)建立了图像对象的层次、关系、结构等信息,该方法是面向对象的遥感分析软件 eCognition 的核心(该软件在 2008 年 ERDAS Objective 和 ENVI Zoom 正式推出之前,一直是市场上唯一的面向对象的分类软件);从针对第二阶段即面向对象的分类方法的研究来看,绝大部分使用的是 eCognition 的分类方法,其余研究使用较多的是传统分类方法,如最大似然法[93]、决策树法[94]、K-均值法[95]、最小距离法[96],仅有少量研究关注分类方法,如 Liu 等(2008)提出了一种二进制空间关系表达法并将其应用与面向对象的分类[97]，Van Coillie 等(2007)利用基因算法对影像目标的特征进行选择并用神经网络对图像对象进行分类[98]，Tzotsos(2006)使用支持向量机进行了面向对象的分类并取得了较满意的效果[99]。

高分辨率遥感影像由于其高地面分辨率提供了丰富的地物几何、形状和纹理等信息，是目前面向对象的遥感研究使用的主要数据。随着硬件条件的发展，有的传感器既具有高地面分辨率又具有高光谱分辨率，提供清晰的地物形状等信息的同时还提供丰富的光谱信息，为面向对象的遥感分析提供了进一步拓展的机会。在高光谱的面向对象分类研究方面，Voss 和 Sugumaran 利用面向对象的分类方法，分别对机载激光数据和高光谱影像进行分类，分析不同季节对树种的影响[100]。Greiwe 和 Ehlers(2005)使用 eCognition 软件，先根据高光谱数据计算实验区的光谱角匹配得分，然后将该得分与数字正射影像同时作为神经网络分类法的输入数据对影像进行基于对象的分类[101]。Harken 和 Sugumaran(2005)进行了光谱角制图和面向对象的高光谱湿地分类研究，认为面向对象的分类方法可以取得更高的分类精度[102]。

1.2.4 遥感数据分类精度评价中的抽样研究现状

空间数据不确定性与数据质量是国际公认的地理信息科学基础理论之一，是 GIS 理论和应用发展亟待解决的重要问题。近年来，国际 GIS 界对该领域相关问题开展了较为深入的研究，包括位置不确定性(矢量空间数据[103-104]、数字高程模型[105]、卫星遥感影像[109])、属性不确定性[107]、空间关系不确定性[106]、空间分析不确定性[107]、空间数据不确定性处理与质量控制[108-109]等，并已经取得了一批重要的研究成果。这些研究成果为空间数据质量控制和抽样检验理论和方法提供了理论基础。

遥感专题图提供了现实世界各种现象的三大基本特征：空间、时间和专题属性。空间特征是指空间地物的位置、形状和大小等几何特征,以及与相邻地物的空间关系。专题特征亦指空间现象或空间目标的属性特征,它是指除了时间和空间特征以外的空间现象的其他特征,如地形的坡度、波向、某地的年降雨量、土地酸碱度、土地覆盖类型、人口密度、交通流量、空气污染程度等。严格来说,遥感专题数据总是在某一特定时间或时间段内采集得到或计算得到的,因此空间数据也具有时间特征。空间数据是GIS 的基础数据,用以描述空间实体的位置、形状、大小及各实体间的关系等。空间实体的位置一般用三维或二维坐标来表示。遥感专题数据内容复杂、数据量大,具有多类、多源、多维、多尺度等特征,因此抽样方法是空间数据质量检查和评价过程中必不可少的方法之一。

　　当前,空间抽样方法已被广泛用于生态环境监测领域,Budiman 等提出了一种变量四叉树算法,这种方法将某区域内的先验知识作为一种辅助的或者次要的环境信息考虑[110]。Alfred 和 Christien 共同分析了抽样调查,最优格网划分和自适应采样的区别,并且描述了现代生态和环境调查领域最优化采样的不同方法[111]。国内,最早探索空间数据质量及其抽样方法的专著之一《GIS 空间数据的精度分析和质量控制》系统分析了 GIS 数据的质量特征和 GIS 产品的特点,探讨了 GIS 数据质量的过程控制和抽样检查的基本问题[112]。《数字测绘产品检查验收规定和质量评定》(GB/T 18316—2001)是由国家测绘局制定、主要用于基础地理空间数据的国家标准。其中涉及的抽样方案基本上是百分比抽样,抽样方法包括简单随机抽样和分层抽样。国际上,用于空间数据抽样的标准主要是国际地理信息标准化委员会(ISO TC211)制定的地理信息质量评价规程(ISO 19114)。该标准提出在 ISO 2859 与 ISO 3951 的基础上,引入空间抽样的思路解决空间数据的抽样问题,并以资料性附录的形式给出如何在定义样本和确定抽样方法时考虑数据空间特性的示例。该标准推荐的用于检查空间数据的抽样方法包括统计抽样和非统计的专家指导抽样,统计抽样中推荐了最常用的三种抽样方法即简单随机抽样、分层抽样和系统随机抽样。我国第一个抽样检查标准是电子部于 1978 年制定的,1987 年正式成为国家标准,即 GB/T 2828—87,最新版本是 GB/T 2828—2003。近二十年来,我国的抽样理论和应用发展迅速,已制定了 22 项国家标准,形成了可用于独立个体和散料、计数和计量、连续批和孤立批的抽样检查标准体系。

目前认为影响分类精度评价的因素主要包括抽样方法、参考数据和评估参数三个方面[113],其中,抽样样本的设计和选择尤为关键。随机抽取像素点的检验方法简单方便,比较符合抽样调查的随机原则,是遥感数据分类评估中常用的检验方式。有学者在研究中指出,以像元为基本抽样单元进行分类结果的精度评估是比较合适的[114]。国内外已有许多研究均采用了样本点检验来进行遥感数据分类结果的精度评价工作[115-117]。在不同抽样方法在空间数据领域的应用方面,国内也有了一些相关研究,有提出了空间抽样优化决策应用于我国国土调查,给出了求得最优的抽样组合方案及最优投入和要求精度之间的较好组合[118],有研究使用不同方法对土地面积进行测量[119],有以分层随机抽样为基础对土地利用的监测精度进行评价[120],有分析点估计群估计中不同抽样方法的精度[121],研究普遍认为采用适当的抽样方法可以提高抽样调查的精度。但这些研究都没有考虑到检查数据的自身质量特性的变化对抽样检查带来的影响,对抽样的三大因素总体、样本、抽样方法之一的总体没有进行详细讨论,因此还存在着一些不足之处。

1.3　目前研究中存在的问题

从上述四个方面的研究现状中,可以看出:

(1)目前国内外利用高光谱数据进行分类的研究主要集中在三个方

面：基于光谱空间的分析方法、基于特征空间统计分析技术,以及将传统遥感数据分类方法拓展至高光谱数据分类的相关研究。这些研究大都是在以前高光谱传感器地面分辨率较低的前提下进行的,光谱解混技术就是在这个前提下的典型研究之一;从分类角度来看,大多也是把高光谱影像上的单个像素当作一条光谱曲线或一个高维向量来进行分析。随着高光谱传感器地面分辨率的进一步提高,高光谱遥感影像可以提供较以往更加丰富的地物形状、纹理等信息,对于这类高光谱数据的处理分析,这些传统高光谱特征分析方法逐渐显示出了不足。

（2）目前已经发展了许多从机载激光雷达中获取数字地形模型的算法,从应用角度来看,机载激光雷达主要用于 DEM 生产、地物提取和森林(树种)监测这三个方面。若将机载激光雷达数据与航片、数字地图、高光谱影像等其他数据集成应用,则可以拓宽机载激光雷达的应用领域,如用于城市三维模型建立、地块不透性分析、道路提取、土地利用分类等。机载激光雷达可以作为一种有效的辅助信息参与遥感特征分析和分类,但在机载激光雷达数据与其他遥感影像集成时,均是基于数据层面较为粗略的并针对具体应用的集成方法,没有从方法的角度将数据的特性进行集成。

（3）面向对象的遥感数据分类方法是应高空间分辨率影像出现的产物,与传统的分类方法仅关注像素的光谱信息相比,分析的目标为图像对象,而考虑更多的是图像对象的属性、空间和层次关系。面向对象的遥感数据分类分为两步:建立图像对象,以及将图像对象分类。现有研究对第一步图像对象的建立方法研究较多,提出了许多的图像分割的方法。对图像对象的分类方法的相关研究较前者少,也有很多研究是沿用传统的遥感数据分类方法。

（4）从上述领域的交叉研究来看:目前国内外集成高光谱影像和机载激光雷达数据的相关应用仅限于森林、树种、水土流失、海岸带等环境监测领域,使用高光谱数据和机载激光雷达数据的相关分类方法研究较少;面向对象的遥感数据分类大多应用于高分辨率遥感影像,高光谱数据受以往地面分辨率的限制在面向对象的分类方面研究较少,没有专门针对高光谱数据的图像对象分类算法。

（5）抽样研究包含三大要素：总体、样本和抽样方法。国际标准组织 ISO 和国标 GB 均提出了根据不同总体大小和检验水平的样本量计算方案等相关标准;在遥感专题数据的精度评定方面,国内外研究普遍认为使用合适的抽样方法可以提高遥感专题数据精度评定的精度,但这些研究都没有考虑到检查数据的自身质量特性的变化对抽样检查带来的影响,对抽样要素中的"总体"缺少详细讨论;而针对遥感专题数据质量检查和抽样方法的研究和指导性方案也较少;也没有将现有的抽样标准体系引入遥感专题数据的抽样和评价。

因此,本书将针对这些方面存在的问题,研究集成机载激光雷达数据的面向对象的高光谱数据分类方法,并对遥感分类专题数据质量评价中的抽样方法设计进行系统的分析。

1.4　本书的研究内容与方法

1.4.1　研究内容

按照本书的选题思路,本书关注的内容主要是：分析高光谱数据的特征分析方法,寻找并改进合适的方法将机载激光雷达等其他数据的特性进行集成;研究面向对象的遥感特征分析方法,将形状等基于对象的特征加入高光谱数据分析方法;分析不同概率抽样方法,为遥感数据分类精度评价、质量检查建立抽样策略和体系,本书研究的技术路线如图 1-2 所示,本书的研究范围主要包含以下三个方面。

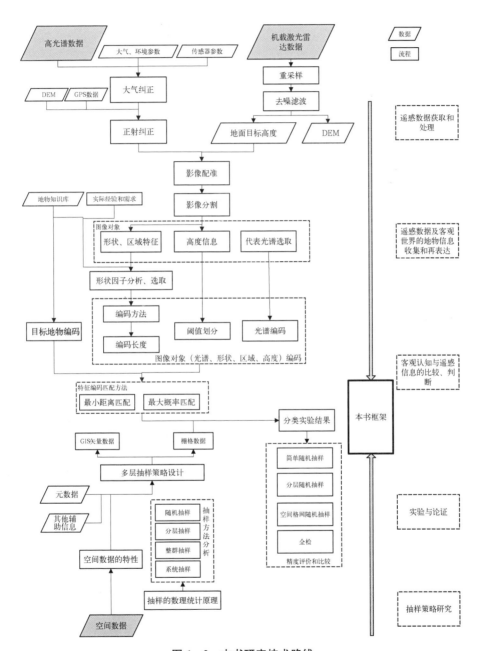

图 1-2 本书研究技术路线

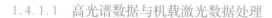

1.4.1.1 高光谱数据与机载激光数据处理

高光谱数据与机载激光数据处理主要包括研究高光谱的辐射纠正、几何纠正、大气传输模型等，尽可能消除由于传感器姿态和成像条件等因素导致的对图像的影响，提高影像对地物表征能力的准确性。对现有高光谱数据特征分析方法进行深入研究，寻求新的特征分析方法或改进方案。研究机载激光数据的组织结构、滤波方法、DEM 的生成、从 DSM 分割建筑物等方法，从机载激光雷达数据中获取建筑物等地物的位置和相对高度等信息。

1.4.1.2 面向对象的遥感分析

分析图像阈值分割的方法，将高光谱数据和机载激光雷达数据分割成图像对象，并对图像对象的形状特性进行研究，分析地物特征、图像几何表达与计算机表达的联系方法，并将高光谱数据和机载激光雷达数据的光谱信息、高度信息与对象的区域、形状、大小等信息进行集成，加深和辅助对遥感数据的理解。

1.4.1.3 空间数据精度评价中的空间抽样方法

空间数据由于其数据量巨大和空间分布性，在进行统计调查和质量评价时都需要用到不同的抽样方法。笔者研究和分析不同抽样方法的数理统计原理，并将其与空间数据的特点相结合，提出一种辅助空间数据抽样和评价的多层空间抽样策略。

1.4.2 研究方法与目的

本书的研究目的如下：（1）根据高光谱遥感数据和机载激光雷达数据建立图像对象，并从中获取地物的光谱、形状、大小、高程等信息；（2）将图像对象和目标对象的信息用二进制编码来表示，并寻找或提出合适的方法匹配图像对象和目标对象，进行地面目标分类提取；（3）针对研究过程中发现的遥感专题数据的质量评价中存在的获取参考数据困难的问题,设计遥感专题数据的多层空间抽样方法。

为实现上述研究目的,本研究可以大致分为以下四部分:(1)对已有研究的综述分析;(2)测验和选取合适的数据预处理方法;(3)设计和提出新的数据集成算法;(4)设计和提出新的空间数据质量检查方法。

1.4.2.1 对已有研究的综述分析

包括对高光谱传感器的数据特征处理方法的综述分析;对机载激光雷达数据的处理、滤波方法的综述和分析;对面向对象的分类研究综述和分析;对高光谱数据的几何纠正、辐射纠正方法的分析和研究;对影像配准和重采样方法的分析和研究;对二维物体形状和区域描述的方法的研究;对不同地物的光谱、形状、高度等特征的分析;对图像聚类和分割的方法的研究;对现有的空间数据质量特征和抽样方法的综述和分析;对不同的抽样方法的统计特性的分析;对不同抽样检验理论及其在空间领域的应用的综述;对空间抽样的方法的研究。

1.4.2.2 测验和选取合适的数据预处理方法

包括测验和选取用于高光谱影像几何和辐射纠正的方法;测验和选取激光雷达数据重采样和滤波的方法;测验和选取影像匹配的算法;测验和选取图像分割的算法;测验和选取不同的形状因子。

1.4.2.3 设计和提出新的多源数据集成的算法

1. 改进的二进制编码法

提出一种新的二进制编码法,该方法将高光谱数据和机载激光雷达测高数据集成,将基于像素的特征识别扩展到基于目标的特征识别,利用了目标的区域、形状和高程信息,并将地面目标从遥感影像中获取的光谱、高度、形状等信息都使用二进制编码表示。

2. 目标对象信息的表达

根据对图像对象的编码方法，根据实际需要和用户需求，将目标地物所具备的信息也采用二进制编码法表达。

3. 图像信息与目标信息的匹配方法

分析图像信息和目标信息编码的相似性，设计了最小距离和最大概率两类匹配方法，并对匹配方法中的权重等具体参数进行了讨论。

4. 形状因子的选取

对方法中合适形状因子的选取进行了讨论，分析了针对不同地物不同形状因子的敏感度。

5. 编码规则的讨论

讨论了对形状因子二进制编码时，不同方法和编码长度对信息重现的影响，为最优化编码规则和长度提出了建议。

6. 分类实验和精度评定

将该方法应用于地物分类，并与成熟的几组分类方法进行比较和讨论，证明该方法的可行性和效率。

1.4.2.4 设计和提出新的遥感专题数据多层空间抽样体系

结合空间数据的组织结构特点，分析了不同抽样方法的数理统计原理，在充分利用数据元数据等辅助信息的基础上，提出了一种遥感专题数据的多层空间抽样体系，该体系旨在不改变检查成本（人力、时间等）的前提下，提高抽样调查的精度。对该多层空间抽样体系的原理进行了论证，举出了遥感专题数据的多层空间抽样设计实例，并以上述所得的不同精度的分类栅格数据为例，用实验数据论证了该抽样体系的科学性。

1.5 本书的结构组织

本书的组织与结构如下：

在绪论后，第 2 章将介绍机载激光数据与高光谱遥感影像的处理及遥感数据分类精度评价和抽样理论与方法，涉及影像的处理方法和本书涉及的基础理论等方面，这些理论和方法是前人研究的成果，也是本书的前期工作内容和开展研究的基础。

第 3 章笔者提出了一种改进的二进制编码方法，用于高光谱数据和机载激光雷达数据的集成分类，给出了整个方法的流程，并以德国奥伯法芬霍芬（Oberpfaffenhofen）地区为例进行了分类实验。

第 4 章是第 3 章内容的延续和补充，将概率引入了该编码方法，继续讨论该方法中需要考虑的更多问题，如形状因子的选取和编码的长度等。

第 5 章里，笔者对遥感数据分类的质量抽样提出了一种多层空间抽样策略，并以第 3 章中由不同分类方法获取的专题数据为例，讨论了不同抽样方法的精度，验证了多层空间抽样策略的可行性和正确性。

第 6 章对本书进行了小结，并展望了未来的可行工作。

第2章

遥感数据集成处理与分类及
精度抽样评价理论基础

　　本章主要介绍机载激光数据与高光谱遥感影像的处理方法,以及用于遥感分类、精度评价和抽样的基础理论与方法。主要包括高光谱数据的处理、机载激光雷达的处理、集成机载激光雷达与高光谱遥感(面向对象或特征的)影像分类的理论基础,以及遥感分类专题数据精度评价和抽样的理论基础。其中遥感数据的处理方法是本书实验和研究的基础,包括高光谱数据的大气纠正和正射纠正方法,机载激光雷达的滤波和表达方法,以及两类数据的配准方法。集成机载激光雷达高光谱遥感(面向对象或特征的)影像分类的理论基础主要包括图像的分割和聚类算法,二维物体的形状表达方式,图像直方图基本理论,面向对象的分类和特征提取方法等。而遥感分类专题数据精度评价和抽样的理论基础主要包括分类精度的评价参数与方法、不同概率抽样方法,以及计数抽样检验理论的数理统计基础。这些理论和方法是前人研究的成果,也是本书的前期工作内容和开展研究的基础。

2.1　高光谱遥感影像的处理

本书研究涉及的高光谱影像处理主要包括高光谱影像的大气纠正和正射纠正。

2.1.1　HyMAP 几何纠正和正射纠正

遥感影像的几何纠正是指在具有几何畸变的影像中消除畸变的过程,即通过分析几何畸变的过程,建立几何畸变的数学模型,建立原始畸变影像空间和实际影像空间之间的对应关系,定量地确定影像上的像元坐标(影像坐标)和目标物的地理坐标(地图坐标)之间对应关系的过程。包括利用地面控制点找出实际地形,地貌与影像的对应关系,建立数字高程模型(DEM)以利用 DEM 消除地形起伏引起的位移变化。在通过航空摄影或由卫星传感器获取地面影像时,由于在摄影瞬间无法保证摄影机的绝对水平,得到的是有一定角度的倾斜影像,影像各部分比例尺不一致。另外,摄影机在成像时是中心投影,地形起伏在像片上会引起投影差。而地图都是正射投影,要使影像具有地图的正射投影的特性,则需要对影像进行倾斜纠正和投影差的改正,这个步骤就是正射纠正。

正射纠正一般是要利用遥感影像成像时的星历数据,用来确定轨道高度、方向角等参数,通过在影像上选取一些地面控制点,并利用该影像覆盖范围的数字高程模型(DEM)数据,对影像同时进行倾斜改正和投影差改正,将影像纠正为正射影像。使用数字高程模型来消除因地形起伏导致的视差,从而影像获得了最好的定位精度。

本书所使用的 HyMAP 数据根据地面 GPS 采集坐标,采用 ERDAS 的

ORTHR 模块进行了正射纠正,由于本书研究区域所处范围较为平坦,房屋高度也不是很高,经过正射纠正的影像基本消除了由于传感器角度而导致的房屋成像畸变。HyMAP 数据几何纠正和正射纠正的技术细节可以参见文献[122]和[123],纠正后的影像如图 2‑1 所示。

图 2‑1 经过正射纠正后的 HyMAP 影像

2.1.2 HyMAP 辐射纠正

由于遥感图像成像过程的复杂性,传感器接收到的电磁波能量与目标本身辐射的能量是不一致的。传感器输出的能量包含了由于太阳位置、大气条件、地形影响和传感器本身的性能等所引起的各种失真,这些失真不是地面目标的辐射,因此对图像的使用和理解造成影响,必须加以校正和消除,而校正和消除的基本方法就是辐射定标和辐射校正。辐射定标是指传感器探测值的标定过程方法,用以确定传感器入口处的准确辐射值。辐射校正是指消除或改正遥感图像成像过程中附加在传感器输出的辐射能量中的各种噪声的过程。

辐射改正过程中需要考虑到水蒸气、气溶胶、地表反射性、地表起伏、太阳角高度、仪器姿态、传感器特性等的影响,本书数据采用 ERDAS ACTOR4 大气纠正模块纠正而成,具体的技术细节可以参见文献[122],

[123]和[124],HyMAP 传感器各波段的偏置和增益可以参见附表 A.1,大气纠正的参数设置可以参见附录 B。

2.2　机载激光数据的处理

机载激光数据处理主要包括将地面物体的相对高度从机载激光雷达数据中滤出的处理,以及与高光谱数据的影像配准处理。

2.2.1　机载激光数据滤波处理

目前已经发展了一些从 ALS 点云数据中获取裸露地表的算法,这类算法统称为过滤算法,George Sithole 曾系统地对不同的机载激光雷达数据滤波方法进行了比较和实验[125],一些实验证明这些算法在平坦和不复杂的地区效果较好,当出现陡峭山坡和地表不连续时,过滤效果往往会出现显著差别。本书先将激光散点数据的深度值用克里金方法进行格网化,再对格网数据进行过滤获取 DEM,再将原来的 DSM 减去 DEM 即可得建筑物的相对高度。具体过程为:

(1) 将整个区域的 DSM 划分成几个包含建筑物的区域和不包含建筑物的区域;

(2) 采用最小顺序统计量过滤算子(Minimum Order Statistic),该算法对采用当前象元为中心的一定区域进行分析,然后用该区域最低点的值代替当前象元的值,区域大小的值应该是由大至小多次过滤,直至地表建筑物被完全滤除,滤波的过程可以参见图 2-2;

(3) 分批地物全部滤除之后,将滤得的所有 DEM 进行拼接,并用 DSM 减去该 DEM,即可得初步滤得的地物群;

(4) 可以发现虽然地物被滤除,而建筑物底部均存在盘状的连带区域,

图 2-2　逐次最小顺序统计滤波

图 2-3　得到的初步建筑群

而 DEM 区域留下了类似被挖走的深坑,这是由于最小顺序统计量滤子采用区域内最低值的结果,建筑物底部的连带区域由于其相对高度较建筑要低许多,可以用聚类和分割的方法去除,这样笔者就可以得到所需的建筑物群的相对高度,供后述研究使用。

2.2.2　机载激光数据与高光谱遥感影像的影像匹配

由于经过正射纠正的 HyMAP 影像较好地消除了由于传感器角度和成像方式造成的建筑物等地物的形变,同时具有地图几何精度和影像特征。而以格网对机载激光雷达数据点云数据重采样并过滤后的高度数据也是以高程值为像素值、以平面坐标为像素位置的栅格图像,适宜实现与其他影像数据的配准。

因此,笔者以经过正射纠正的 HyMAP 影像为基准,使用二次多项式法纠正方法和双线性重采样法,将经过了过滤和重采样的建筑物相对高度栅格数据进行了配准,从两组影像中选取了 35 个同名建筑物角点,纠正误差 $RMS=0.92$,小于 1 个像元,满足影像配准的精度要求。

2.3　集成机载激光数据信息的高光谱遥感影像面向对象分类的理论基础

2.3.1　图像直方图理论

灰度级为$[0, L-1]$的数字图像的直方图是离散函数$h(r_k) = n_k$,其中n_k是第k级灰度,n_k是图像中灰度级为r_k的像素个数,归一化的直方图给出了灰度级为r_k发生的概率估计值,图像直方图是多种空间域处理技术的基础,可以提供有用的图像统计资料,也是本书分析和统计的有力工具。

2.3.2　图像分割与合并

遥感影像是地物的反映,由构成地表的不同地物组成,而影像分割的目的是能够实现自动将影像分成不同的重要区域,或者分成不同的对象,并且分割后的对象能够被进一步处理方法所识别。图像的分割算法一般是基于亮度值的不连续性或相似性,如基于边缘分割图像或者根据事先制定的准则将图像划分成相似的区域。遥感影像的分割效果直接影响到了面向对象遥感影像分类的效果。目前国内外学者针对图像分割已经提出了上千种算法,包括基于像素的、基于边界的、基于区域的、基于模型的以及混合分割算法等[126]。但目前还没有算法能够对不同条件下获取的同一地区的遥感图像都产生满意的分割结果,更没有通用的算法能够对所有的遥感图像都产生满意的分割结果[127],在遥感影像分割精度的评价上也缺乏一致标准,分割和评价方法的选取还是要根据具体应用来确定[128-129]。本书根据分割的实际视觉效果,选择了一种基于边界的影像分割算法,并采用由 Robinson 等(2002)提出的一种 Full Lambda-Schedule 算法进行分割后各影像片段的合并,关于影像分割和合并的具体技术细节可以参见文献[130]。

2.3.3 二维物体形状表达方法

图像分割成不同区域之后，需要使用更合适的形式对得到的被分割的像素集进行表示和表述。一般的，表示一个区域可以用其边界或组成区域的像素来表示，但是无论是边界还是内部像素对于尺寸变化、平移和旋转都是很不灵活的，为了反映二维物体的形状笔者需要寻求更多的表示因子，而这些因子都是不受平移和旋转等的影响的。

描述二维物体边界的描述子包括边界长度、基本矩形、离心率、曲率、形状数、傅里叶描绘子、统计矩等；而描述二维物体区域的表述子包括面积、拓扑性、纹理、结构等，寻求合适的因子对二维物体的形状进行表达是笔者后续研究中的一个重要部分。详细内容可以参见文献[131]。

2.3.4 面向对象的影像分析

随着遥感影像分辨率的提高，影像中的像素的大小要明显小于地面目标，因此面向对象的遥感分析方法不是以单个像素为分析目标，是以影像中的像素集合为分析单元，这样就可以借助对象特征知识库来完成对影像信息的提取，这与人类的认知理论相符。因此面向对象的影像分析的第一步是建立这样的像素集合，影像分割是其中的重要方法之一。分割后得到的图像对象除了具有原本像素所具备的光谱信息外，还可以提供更多的空间、结构以及层次信息。本书提出的集成激光雷达数据的高光谱影像分析方法也是基于面向对象的影像分析理论而提出的，分析的目标是影响中由多个像素构成的集合。关于面向对象的影像分析的相关理论可以参见文献[132]和[133]。

2.4　遥感数据分类精度评价和抽样的理论基础

2.4.1　遥感专题数据精度评价方法

遥感专题信息是从遥感数据中获取的重要信息之一，这些信息正确与否将直接影响许多重要决策[134-135]，然而这些专题数据中不可避免地带有误差，因此在利用专题图进行科学研究和决策之前，要对其进行充分的精度评价[136-137]。在遥感专题图的精度评定方法中，对专题数据的统计度测度方法可以提供无偏的地图精度统计量[138]。常见的统计量包括生产者误差、使用者误差、总体精度和 Kappa 一致性系数，本书采用这些参数作为遥感分类专题数据精度评价的依据，其计算方法和统计意义可以参见文献[139]，[140]和[141]。

2.4.2　统计抽样检验理论

抽样检查是一种非全面性的检查，它是指从研究对象的总体（全体）中抽取一部分单位作为样本，根据对所抽取的样本进行检查，获得有关总体目标量的了解。概率抽样也称随机抽样，它以随机的原则来抽取样本，每个单元被抽中的概率是已知的，用样本对总体目标进行估计的时候要考虑到样本的入样概率。它最主要的优点是可以依据检查结果计算抽样误差，得到对总体目标量推断的可靠程度。概率抽样理论主要给出了不同的概率抽样方法的基本理论，从数理统计的角度给出抽样方案的设计指导，关于抽样统计方法和理论的相关内容可以参考文献[142]。

计数抽样检验理论与概率抽样统计理论不同，是质量检验理论与方法的一个部分，是为了控制成批的产品质量而制定的系列抽样方案，按照给定的质量接收限,根据检验水平查找对应的样本量和产品接收数,并以此判断批产品合格与否的抽样标准体系,我国和国际标准组织都已有相应的较成熟的计数抽样检验标准:ISO 2859—1[143],GB/T 2828.1—2003[144],相关的统计理论基础可以参见文献[145]。

2.5 本 章 小 结

本章简单介绍了遥感数据集成处理与分类及精度抽样评价理论,主要包含遥感数据的集成处理方法,图像的分割、二维物体的形状表达方式研究、面向对象的影像分析等影像分类的理论,以及遥感精度评价和统计抽样检验理论这三大方面。这些基础理论是后文研究的基础,本章旨在给出它们的简要介绍,后文将不再对这些概念和理论深入介绍。

第3章

改进的二进制编码法——一种集成高度信息的面向对象的高光谱遥感影像分类提取方法

3.1 概　述

一般说来,标准的为多光谱遥感影像设计的分类算法能够直接应用于高光谱数据,因为理论上并不存在对波段数目(或特征数目)的限制。然而,实践表明,诸如最大似然法(Maximum Likelihood, ML)这样的算法,即使加上了一些提高效率的算法[134,146-147],当应用到 200 个波段以上的数据时,表现也不是特别良好。进一步来说,如果使用最大似然分类算子,假设数据呈高斯分布,笔者需要估计诸如每个类别的均值向量,以及协方差矩阵。为了计算样本的协方差矩阵,如果使用了 K 个波段进行分类的话,每一类别的训练集至少需要包含 $K+1$ 个像素。对于有限的空间范围来说,对于某些类别,这样的限制条件有可能很难被满足。因此,一系列专门针对高光谱数据的特殊非参数类型的分类方法被研发出来,这些分类方法的结构不单单是为了提高分类的效率,并且考虑到了不同模式识别的类型。

数据量巨大,信息量极其丰富,高光谱数据的这两大显著特点为数据的科学理解和数据探索提出了极大的挑战。近年来,关于高光谱数据的相关研究主要关注地表参量反演[148-150],图像分类和特征提取[151-157],以及分类前的预处理方法研究,比如,波段选取方法,数据量降低方法等[158-162]。如何降低计算量,以及增强对影像的理解,自第一个高光谱传感器被发射至今[163],一直是高光谱数据处理方法研究中的热点。

高地面分辨率高光谱传感器的出现,使得除了光谱信息之外,笔者还可能从高光谱数据中观测到其他的目标特征,如地物的形状和大小等。与此同时,其他的数据源,比如从机载激光扫描数据中获取的数字地面模型(Digital Surface Model,DSM)等,可以为这些目标特征提供高度信息。因此,本书试图将基于对象的影像分析方法和传统的高光谱数据处理方法进行集成,并加入目标的高度信息,用以改进高光谱影像的分类和信息提取。在该方法中,所有由目标对象展现的信息,如光谱、形状、大小,及高度等,都先被转换成为二进制编码。然后,用户对目标对象的要求和定义也同时被量化成为二进制编码。本书还提出了一种用于衡量图像对象和目标对象相似性的最小距离算法。分类实验证明该方法在同等的实验条件下与最大似然、最小距离、马氏距离、平行六面体、二进制编码等分类方法相比,没有最小样本量要求,并且获得了更高的分类精度。

3.2　二进制编码法

为了在光谱库中对待定目标进行快速查找和匹配,可以对光谱进行二值编码,使得光谱可以用简单的0—1序列来表述,使用二值编码法有助于提高图像光谱数据的分析处理效率。根据 Mazer 等提出的方法[164],若每个图像对象由 n 个像素组成,首先计算图像对象每一层(波段)的灰度平均值。在光谱二进制编码方法中,图像的每个空间分辨率元素(也就是像素)

用一个 L 维的向量来表示,

$$\vec{X_{ij}} = [X_{ij}(1),\ X_{ij}(2),\ \cdots,\ X_{ij}(l),\ \cdots,\ X_{ij}(L)]^{\mathrm{T}} \qquad (3-1)$$

式中,L 是影像的光谱波段数,下标 (i,j) 表示该像素在给定影像中的空间
位置,定义标量 ν_{ij} 为像素 (i,j) 的光谱均值,

$$\nu_{ij} = \left[\frac{1}{L}\right] \sum_{l=1}^{L} X_{ij}(l) \qquad (3-2)$$

从而可以构建一个 L 位的二进制码矢量 $\vec{Y_{ij}^{a}}$,

$$\vec{Y_{ij}^{a}} = H\{\vec{X_{ij}} - \nu_{ij}\} \qquad (3-3)$$

式中,$H(\nu)$ 是单位跃阶算子,由式 $(3-4)$ 定义,

$$H(\nu) = \begin{cases} 0, & \nu \geqslant 0 \\ 1, & \nu > 0 \end{cases} \qquad (3-4)$$

以上构建的矢量是光谱振幅的二进制表示。考虑到每个测量波长处
的本地波度也包含了许多有用信息,可以构建另一个 L 位的二进制编
码 $\vec{Y_{ij}^{b}}$,

$$\vec{Y_{ij}^{b}} = \begin{cases} 0, & [X_{ij}(l+1) - X_{ij}(l-1)] < 0 \\ 1, & [X_{ij}(l+1) - X_{ij}(l-1)] \geqslant 0 \end{cases}, \quad l = 1,\ 2,\ \cdots,\ L$$

$$(3-5)$$

其中,$X_{ij}(0) = X_{ij}(0)$,$X_{ij}(L+1) = X_{ij}(1)$。这样,$\vec{Y_{ij}^{a}}$ 和 $\vec{Y_{ij}^{b}}$ 这两个
二进制码矢量就构成了一组 $2L$ 位的矢量 $\vec{Y_{ij}}$,该矢量采用二进制编码书
写,并且表示了像素 (i,j) 的光谱信息。

一旦完成编码,则可利用基于最小距离的算法来进行匹配识别,用于
决定光谱特征是否匹配的算法是汉明距(Hamming Distance)[165],该距离
根据如下算法得来:

$$D_h(\overrightarrow{Y_{ij}}, \overrightarrow{Y_{mn}}) = \sum_{l=1}^{2 \times L} Y_{ij}(l)(XOR)Y_{mn}(l) \qquad (3-6)$$

从公式看来,这个仅仅是将经过了位异或运算的 $2L$ 长度的编码求和。而在这个算法实际应用中,笔者可以将光谱振幅和光谱坡度的汉明距分开计算,也就是分别为矢量 $\overrightarrow{Y_{ij}}$ 与 $\overrightarrow{Y_{mn}}$ 计算其对应的汉明距 D_h^a 和 D_h^b。这样的话可能能为用户提供一些额外的参考信息,可以根据不同情况衡量振幅信息和坡度信息的重要性。

二进制编码法被认为是一种快速有效的高光谱影像分类方法[4,166],后续的相关研究提出了分段编码、多门限编码等改进[167]。Qian 等(1996)在原有二进制编码的基础上,增加了 $2L$ 长度的编码用以描述光谱的变化值是否超过给定的阈值[168]。Chang 等(2009)[169]在纹理编码法的基础[170-171]上,提出了一种基于纹理特征的高光谱二进制编码法,用纹理特征来描述相邻波段的光谱变化。这些研究都是基于像素的高光谱分析方法,没有考虑高光谱影像目标的形状等信息,本章的研究内容是在传统高光谱二进制编码的基础上,引入面向对象的影像分析方法,并将图像对象的形状、大小、高度等信息加入二值编码并进行分类。

3.3　研　究　方　法

3.3.1　研究区域简介

由于本研究需要覆盖同一区域的多种遥感数据,因此选择了德国的奥伯法芬霍芬作为主要研究区域。奥伯法芬霍芬(Oberpfaffenhofen)位于德国南部慕尼黑(Munich)附近,是德国航天航空中心所在地。可用的数字地面模型的空间分辨率为0.5 m。覆盖该区域的高光谱数据为 HyMAP 航空高光谱传感器,数据获取于 2004 年 6 月 7 日 13 点整,飞行高度距海平面为

2 580 m，飞行方向为从南至北，角度为 3.6°。高光谱数据与 DSM 同时覆
盖的面积约 4.56 km²，该区域的假彩色合成影像可以参见图 3-1。高光谱
数据的地面分辨率为 4 m，覆盖从可见光到红外的 126 个波段。关于此
HyMAP 传感器的详细信息可以参考文献[172]。

图 3-1 研究区域 Oberpfaffenhofen 概况

3.3.2 流程图

图 3-2 描述了本书的研究流程。首先笔者需要对 HyMAP 影像和
DSM 数据进行一些预处理，例如 HyMAP 影像的几何校正和大气校正，以
及从 DSM 中找出地面对象。DSM 数据与 DEM 相比，能将具有高度的地
面目标，如建筑物等在地表之上的物体展示出来。随后，笔者使用了一种

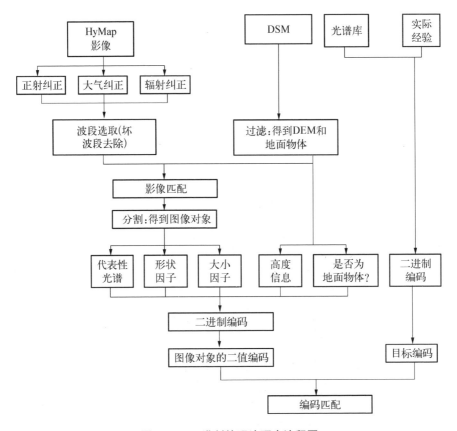

图 3‑2　二进制编码法研究流程图

基于边缘探测的分割方法将 HyMAP 影像分割成了多个影像碎片（segments），或者叫图像对象（image objects）。每个碎片的光谱用该碎片内的所有像素的光谱平均值来表示。随后，笔者选取了五个形状因子，为每个图像对象计算了这些形状因子的值，并将这些值转换成二进制编码。这些因子包括面积、不对称系数、矩形系数、长宽比以及紧致度。然后将从 DSM 获取的这些对象的相对高度信息也转换成二进制码，再根据实际经验和常识等知识，将用户对目标对象的定义与需求也转换成二进制编码，再用不同的编码匹配算法对图像编码和目标编码进行匹配，确定两者之间的相似度，用于后续的分类等其他分析。

3.3.3　影像分割

影像分割的目的是能够实现将影像自动分成不同的重要区域,或者分成不同的对象,并且分割后的对象能够被进一步的处理方法所识别。目前已有很多学者提出了一些不同的影像分割方法,可参见文献[155],[173],[174]和[175],也有学者对现有的影像分割方法进行了比较,评估各类分割算法的质量[176]。由于分割算法并不是本书的研究重点,本书根据分割的实际视觉效果,选择了一种基于边界的影像分割算法,并采用由 Robinson 等(2002)提出的一种 Full Lambda-Schedule 算法进行分割后各影像片段的合并。该算法根据各片段的光谱和空间信息将相邻的区域进行合并[130]。当一对相邻区域 i 和 j 的合并开销 $t_{i,j}$ 比规定的阈值 $lambda$ 要小的时候,该两个区域将进行合并,$lambda$ 的值介于 $0 \sim 100$ 之间:

$$t_{i,j} = \frac{\frac{|O_i| \cdot |O_j|}{|O_i| + |O_j|} \cdot \| u_i - u_j \|^2}{length[\partial(O_i, O_j)]} \tag{3-7}$$

式中,O_i 是图像中的第 i 个区域,$|O_i|$ 是区域 i 的面积,u_i 是区域 i 内的像素灰度平均值,u_j 是区域 j 内的像素灰度平均值,$\| u_i - u_j \|$ 是区域 i 和 j 灰度值间的欧氏距离(Euclidean Distance),$length[\partial(O_i, O_j)]$ 是区域 O_i 和 O_j 共用边界的长度。在这里,笔者选择的 $lambda$ 值为 88.0。

3.3.4　图像对象的二进制编码

在本研究中,一个图像对象的编码由 280 个二进制编码组成,这组编码由三个部分构成,即光谱信息、形状和大小信息以及高度信息。图像对象的光谱振幅和坡度用 252 位编码 $\overrightarrow{Y_{ij}}$ 表示,图像对象的形状和大小用 25 位编码 $\overrightarrow{Z_{ij}}$ 表示,图像对象的相对高度用 3 位编码表示,关于这些编码的编制方法和含义的详细描述将在下文进一步介绍。

3.3.4.1　光谱信息

图像对象的光谱信息的编码与传统的二进制编码方法一致,将一个图像对象的光谱均值和坡度信息用两倍于波段数的二值编码来表示,具体方法可以参见 3.2 节。本研究中,HyMAP 传感器具有 126 个波段,因此,图像对象的光谱信息用 2×126 即 252 个二值编码来表示。

3.3.4.2　形状和大小

在这里,单个图像对象(或片段)的形状和大小信息是用 25 位编码来表示的,其中包含了面积、不对称性、紧致度、矩形系数以及长宽比,每个因子用 5 个编码来表达。

1. 面积(Area)

在没有经过地理编码的数据里,一个像素的面积为 1。与之相应,一个图像对象的面积 A 就是构成这个图像对象的像素数。如果影像数据已经经过了地理编码,图像对象的面积就是每个像素在地表实际覆盖的面积乘上构成该图像对象的像素数。本书 HyMAP 传感器的分辨率为 4 m,图像对象的面积即为构成该图像对象像素数乘以 16 m^2。

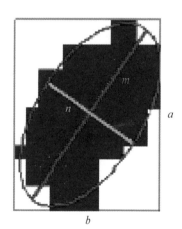

图 3-3　图像对象的外包椭圆和包围盒

2. 不对称性(Asymmetry)

图像对象越长,它的不对称性越大。对一个图像对象来说,可以先根据图像对象的形状估计一个椭圆,不对称性即用这个椭圆的长短轴之比来表示。如图 3-3 所示。计算图像对象的不对称性,首先要根据图像对象内的像素计算协方差矩阵,然后根据协方差矩阵的特征向量计算该对象的主轴方向,再根据图像包围盒的边长和主轴方向计算得来。

$$Asymmetry = 1 - \frac{n}{m} \qquad (3-8)$$

不对称性越高，$Asymmetry$ 的值越大，取值范围为 0～1。

3. 紧致度（Compactness）

在本书中，紧致度等于图像对象多边形的面积 A_p 与相同周长的圆形
的面积相比而得到的。式（3-9）用于计算每个图像对象多边形的紧致
度。紧致度 $Compactness$ 取值范围为 0～1，圆形紧致度最高，为 1。

$$Compactness = \frac{4 \cdot \pi \cdot A_p}{Perimeter^2} \qquad (3-9)$$

式中，$Perimeter$ 是构成图像对象多边形的各条边的长度之和。这些图像
对象多边形的计算是基于 Douglas Peucker 算法，该算法是最常用的多边
形提取的算法，它是一个自上而下的过程，从给定的一个多边形的边界线
开始（本书中即构成图像对象的像素边框），然后把它们重复分成更小的
部分。

4. 矩形系数（Rectangular fit）

计算矩形系数的第一步是构建一个矩形，该矩形和图像对象的面积完
全一致，计算该矩形时，同样也需要考虑图像对象的长宽比。随后，落在矩
形之外的图像对象的面积 A_o 与图像对象的面积 A 进行比较。如果矩形系
数为 0，意味着该图像对象的形状与矩形完全不符；矩形系数为 1，表示该图
像对象为矩形：

$$RectangularFit = 1 - \frac{A_o}{A} \qquad (3-10)$$

5. 长宽比（Length/width ratio）

图像对象长宽比定义为该图像对象协方差矩阵的特征值之比，用大的
特征值除以小的特征值即可得到：

$$\gamma = \frac{l}{w} = \frac{eig_1(S)}{eig_2(S)}, \; eig_1(S) > eig_2(S) \qquad (3-11)$$

为了避免可能出现的零特征值导致的计算错误,笔者同时用另外一种方法,用包围盒(Bounding Box)来估算图像对象的长宽比:

$$\gamma = \frac{l}{w} = \frac{a^2 + [(1-f) \cdot b]^2}{A} \qquad (3-12)$$

式中,a 是图像对象包围盒的长度,b 是图像对象包围盒的宽度,f 是填充度,表示图像对象的面积 A 与包围盒的面积($a \times b$)之比。

用两种方法计算完长宽比之后,笔者取其中较小的值作为图像对象的长宽比,长宽比的最小值为 1。

这些形状和大小描述因子的二进制编码都是按照一种相同的方法,每个描述因子用 5 位二进制编码来表示。以因子面积(Area)为例,在本研究区域内,图像对象的面积从 16 m² 到 1 162 000 m² 不等(相当于 1 到72 625 个像素),根据图像对象面积的直方图,笔者可以将这些图像对象分成 5 类,每一类在直方图中占据整个直方图面积的 20%,如图 3 - 4 所示。这样每个图像对象的面积就由 5 位编码来表示,如果编码为"00100"的话,表示

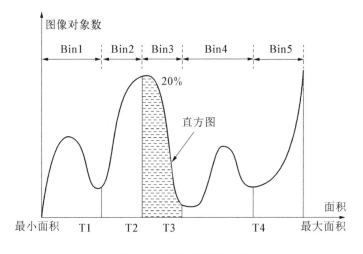

图 3 - 4 面积的编码法则

该图像对象的面积大于 T2 但小于 T3。

3.3.4.3 高度信息

图像对象的高度信息可以从数字地面模型或其他高度信息中获得,如
机载激光扫描(Lidar)数据,合成孔径雷达(SAR)数据[177-178]。在本书中,
笔者使用了地面物体的相对高度信息,首先根据 DSM 过滤得到 DEM,然
后用 DSM 减去 DEM 即可得地物的相对高度。

高度信息的二进制编码是根据图像对象的相对高度确定的。根据实
际经验,笔者将图像对象的相对高度分成三类:相对高度低于 1.5 m,相对
高度高于 1.5 m 低于 5 m,相对高度高于 5 m。编码"001"表示该图像对象
的高度大于 5 m。

3.3.5 目标对象的标准

目标对象的标准反映用户对目标的期望,这些标准源于人们对土地利
用土地覆盖种类的常识,研究区域的实际情况,以及用户的特殊需求。类
似于"建筑物至少高 3 m",或"森林区域的紧致度一般来说要小于城市区域
草地的紧致度"这样的描述都有可能成为目标对象的标准。这些标准可以
在研究开始之间就预先定义好,可以根据对影像的观察而得,也可以从统
计数据等其他数据源得来。

一个完整的目标对象的标准描述包括对光谱,形状和大小,以及高度
这三方面信息的定义。目标对象的光谱标准一般来说来自光谱库或数据
本身的训练集,而目标对象的形状、大小和高度标准一般来自实际经验。

以类别"工业建筑"为例:

(1)工业建筑的光谱特性由建筑物的屋顶材料确定,人工采集光谱样
本是较为可行的提供光谱标准的方法;

(2)建筑物往往具有较为规则的形状,建筑物图像对象的紧致度和矩

形系数相对于图像中的其他对象较高;

（3）一般来说,建筑物的占地面积不会特别大,并且面积有大有小;

（4）工业建筑物的高度一般来说大于 5 m。

若要将这些描述翻译成二进制编码,则:

（1）样本的光谱根据式(3-1)与式(3-3)所述方法表示为多组长度为 2L 的二进制编码;

（2）建筑物的紧致度较高,设定为 Bin4—Bin5,考虑到有可能存在并不是完全呈矩形形状的建筑物,笔者将建筑物的矩形系数可处的范围稍放宽,设定为 Bin3—Bin5;

（3）建筑物的占地面积设定为 Bin1—Bin2;

（4）建筑物的相对高度应落在 Bin3,考虑到图像对象取值为对象内像素平均值,因此设定为 Bin2—Bin3;

（5）另外,从常识可以获悉建筑物的长度相比道路等地物而言较短,长宽比一般不会悬殊,因此,笔者将建筑物的长宽比设定为 Bin1—Bin2。

3.3.6　特征匹配

根据 3.2 节中的距离计算法,笔者可以使用汉明距计算图像光谱和目标光谱的距离,用以确定光谱信息的近似度。与光谱信息不同的是,在衡量形状、大小和高度信息的近似度时,笔者使用的是位与操作,由式(3-13)计算得来:

$$D_h(\overrightarrow{Z_{ij}}, \overrightarrow{Z_{mn}}) = 6 - \sum_{l=1}^{28} Z_{ij}(l)(AND)Z_{mn}(l) \qquad (3-13)$$

式(3-13)的后半部更像一个掩膜操作,对于一个因子(面积、高度等),结果只有 0(不匹配)和 1(匹配)两种情况。由于式(3-13)统计的实际是光谱的不符合数,因此,式(3-13)中就用形状大小和高度的因子总数 6 减去匹配的因子数。

经式(3-12)与式(3-13)计算而得的是目标编码和图像对象编码
的特征距离,该距离可以作为数据处理中的一个中间过程参与以下步
骤的处理。

3.3.6.1　用于相似度图像的计算

这些计算得来的距离可以用于决定图像对象和目标对象的整体相似
度(Overall Similarity)。最简单的方法就是将上面所算得的光谱、形状和
大小以及高度距离相加,然后根据式(3-14)计算概率:

$$P = -\frac{1}{\max D - \min D} \cdot D_{\mathrm{h}} + \frac{\max D}{\max D - \min D} \qquad (3-14)$$

式中,D_{h} 是光谱、形状和大小以及高度距离的总和,$\max D$ 是整个研究区
域内的最大总距离,$\min D$ 是整个研究区域内的最小总距离。在计算得到
的概率图图像内,认为可能是目标对象的地物具有较高的概率值,认为不
太可能是目标对象的地物具有较低的概率值,概率的最高和最低值分别
为 1 和 0。该概率图像可以作为辅助信息源参与图像下一步的处理和
分析。

3.3.6.2　用于目标提取

如果用户仅对某一类目标对象感兴趣的话,如建筑物等,同样可以用
这个方法在影像中寻找和辨别目标对象。由于对象间的完全匹配(也就是
特征距离完全相等)这种情况发生的可能性较低,需要给予特征距离一个
可容忍的范围,也就是附加一个阈值,用于判断是否接受图像对象为感兴
趣的目标对象,这样所有被认为是相似的图像对象即可被识别。

$$[\overrightarrow{Y_{ij}}, \overrightarrow{Z_{ij}}] = [\overrightarrow{Y_{mn}}, \overrightarrow{Z_{mn}}], \text{ if } D_{\mathrm{h}} + D_{\mathrm{a}} \leqslant \bar{d} \qquad (3-15)$$

3.3.6.3 用于图像分类

如果可以定义出数个目标对象,该方法也可以用于图像的分类,对于某个图像对象,笔者首先计算该对象到所有目标对象的距离,这样可以得到与图像对象距离最小的类别 j,以及图像对象与其的距离 i。如果距离 i 小于笔者所规定的阈值,该图像对象将被分类为类别 j,否则该对象将分类为"未分类"类。

3.4 研 究 结 果

为了验证笔者提出的方法的可行性,笔者首选根据实际情况选择了若干对象,然后用提出的新二进制编码法进行分类实验,然后再将分类实验的结果与实际分类结果进行比较并评价分类的效果和精度。

3.4.1 分类目标

在参考了 USGS 提出的基于遥感的土地利用与土地覆盖类别[179]后,本书根据研究区域的实际土地利用情况,在实验区选择了 11 类土地利用/土地覆盖类型。它们分别是:停车场或露天仓储区、水泥地表、街道、机场跑道、网球场、农村居民区、混合树木区域、工业建筑、工业用地、耕地以及草地。

在笔者的实验里,对这 11 类中的每一类别都给出了类似于 3.3.5 节中对于工业建筑(1)~(4)的描述,如表 3-1 所列。

表 3-1 的第一列中列出了笔者在实验中使用的目标类别,第二列列出了各类别在分类中使用的光谱样本个数,这些样本都是从训练集中采集而得的。所有样本的光谱信息都用 2×126 位的二进制编码来表示,编码的方法和图像对象光谱信息编码的方法相同。表中的第三列到第七列列出

了对形状和大小因子的要求。第八列列出了对相对高度的要求。以街道
的面积为例,笔者认为街道对象的面积在整个区域内占直方图的前两个区
间(Bin1—Bin2),也就是说,与街道对象面积对应的那五位编码为"11000"。

表 3-1　分类实验的对象目标以及它们的属性

目标对象类别	光谱样本数	直方图 Bin 数					
		形状和大小					高度
		面积	不对称性	紧致度	长宽比	矩形系数	目标相对高度
停车场或露天仓储区	4	1～2	1	4～5	1～2	4～5	1
水泥地表	6	1～2	1～4	2～5	1～3	1～5	1
街道	8	1～2	4～5	1～2	5	1～3	1
机场跑道	3	4	5	1	5	1	1
网球场	3	1	1～2	5	1～2	3～5	1
农村居民区	8	1	1～4	2～5	1～3	1～5	1～3
混合树木区域	6	1～4	1～4	1～5	1～5	1～5	1
工业建筑	14	1～2	1～5	3～5	1～5	3～5	2～3
工业用地	9	1～3	1～5	1～5	1～5	1～5	1
耕地	28	2～4	1～5	1～5	1～5	1～5	1
草地	31	2～4	1～5	1～5	1～5	1～5	1

3.4.2　分类实验

根据 3.4.1 节中的分类目标设置,使用改进的二进制编码法将整个研
究区域分成了对应的 11 类,如图 3-5 所示。在该图中,不同的种类用不同
的颜色进行表示,类别名和对应的颜色在图例中标出。

3.4.2.1　分类中不同因子权的设置

从 3.3.4 节里,在对图像对象的所有信息进行编码时,图像的光谱信

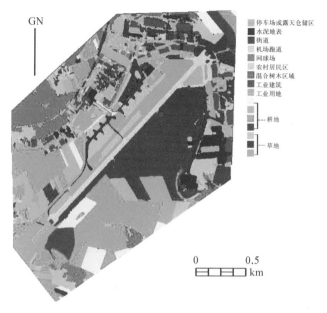

图例：
停车场或露天仓储区
水泥地表
街道
机场跑道
网球场
农村居民区
混合树木区域
工业建筑
工业用地
耕地
草地

0   0.5
km

图 3-5　分类实验结果

息是用 $2×126$，也就是 252 位编码进行表示，理论上来说，如果不考虑太阳光谱特性等因素，光谱距离的均值应为 126，而实际上，由于地物反射光谱与太阳光谱存在一定相关关系，光谱距离往往要小于这个理论上的均值。

图像对象的形状和大小信息是用 25 位编码进行表示，特征距离的理论均值为 2.5；而图像相对高度信息只有 3 位编码表示，特征距离的理论均值只有 0.5。如果笔者仅仅简单地将这些距离（光谱，形状和大小，高度）进行相加的话，形状和高度的影响可能太弱而无法影响到分类的结果。为了分析形状和高度因子合适的权重，若给定形状和大小的距离一个权 w_s，给高度赋权 w_h，笔者对不同的权组合进行了实验，具体做法是：先分别计算各类别的距离，然后将距离乘以权，然后再与光谱距离相加作为特征匹配的最终距离。图 3-6 展示了使用不同权时的分类精度，图 3-7 所示是部分分类结果。从图 3-6 中可以看出，随着权的增加，样本

集分类精度和整体分类精度,先逐步增加,然后再降低,其间略有波动,但
基本上可以发现这样一个规律:若给予形状等因子过高的权重,过于强
调这些因子的话,会使得分类的精度反而降低。因此,在本书中,笔者选
择 $w_s = 2$,$w_h = 4$。

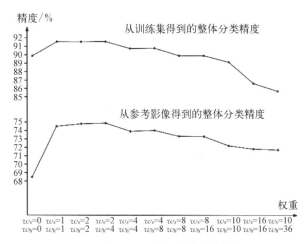

图 3-6　使用不同的权时的分类精度比

3.4.2.2　精度评价

　　为了评价分类精度,并与其他分类算子进行比较,笔者首先得到了一
幅参考图,该图是通过人工解译得到[图 3-8(f)],该图用于评价各分类算
法的整体分类精度。然后笔者利用在本实验中使用的光谱样本作为分类
训练集,用五种分类算子对整个研究区域进行了监督分类。

　　从图 3-8 中可以看到各不同分类算法的分类结果,以及作为精度评价
标准的参考图。图 3-8(a)使用的是平行六面体分类法;图 3-8(b)使用的
是最小距离分类法;图 3-8(c)使用的是马氏分类法;图 3-8(d)使用的是
最大似然分类法;图 3-8(e)使用的是二值编码分类法,也就是没有使用形
状大小和高度信息的二进制分类结果;图 3-8(f)所示是人工解译得到的

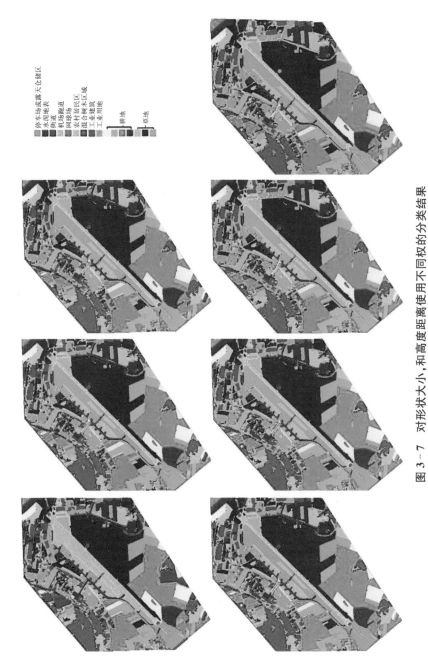

图 3 - 7 对形状大小，和高度距离使用不同权的分类结果

从左至右，从上到下：$w_s=0$，$w_h=0$；$w_s=2$，$w_h=2$；$w_s=4$，$w_h=4$；$w_s=8$，$w_h=8$；$w_s=8$，$w_h=16$

停车场或裸露天仓储区
水泥地表
街道
机场跑道
园棵场
农村居民区
混合树木区域
工业建筑
工业用地
耕地
草地

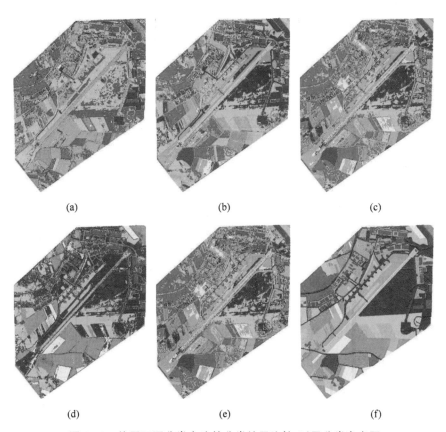

(a) (b) (c)

(d) (e) (f)

图 3‑8 使用不同分类方法的分类结果比较,以及分类参考图

参考分类结果。需要说明的是,由于马氏距离分类法和最大似然法每个类
别的训练样本量至少需要(波段数＋1)个像素作为训练样本,为了满足需
要,笔者以原有的样本为中心,在附近增加了部分训练样本,但这部分的训
练样本与原训练样本均属于同一个地物,因此笔者认为这部分样本的增加
不会对分类精度产生明显影响。

　　按照这些分类方法对图像的分类结果与参考图像比较的误差矩阵,笔
者可以得到各分类方法的整体分类精度,如表 3‑2 所列。本书提出的分类
方法的误差矩阵如表 3‑3 所列。表 3‑3 所列是根据参考分类图像得到的
全图分类误差矩阵。

表 3-2　不同分类方法的整体分类精度

分类方法	本书方法 图 3-5		平行六面体 图 3-8(a)		最小距离 图 3-8(b)		马氏距离 图 3-8(c)		最大似然 图 3-8(d)		二值编码 图 3-8(e)	
精度	U	P	U	P	U	P	U	P	U	P	U	P
SP	47	92	6	83	9	9	14	77	14	79	6	14
SC	68	71	56	74	57	71	79	64	47	73	33	32
S	72	25	27	13	31	24	52	36	93	1	27	8
R	76	94	0	0	41	85	78	92	99	59	57	74
TG	77	79	95	77	26	67	82	86	95	77	4	71
F	26	24	2	40	5	6	15	48	49	9	3	5
T	72	79	57	73	38	63	77	73	100	1	32	76
B	75	59	11	42	59	25	79	43	58	72	79	24
I	39	43	2	3	18	14	22	20	27	3	24	9
C	82	84	76	16	59	39	83	84	84	73	57	40
G	81	85	60	0	71	84	84	80	62	92	65	70
整体分类 精度/%	74.9		17.1		55.4		70.7		63.3		49.9	
Kappa 系数	0.667		0.127		0.416		0.621		0.489		0.346	

注：U：使用者精度，P：生产者精度。
SP：停车场或露天仓储区，SC：水泥地表，S：街道，R：机场跑道，TG：网球场，F：农村居民区，T：混合树木区域，B：工业建筑，I：工业用地，C：耕地，G：草地。

3.4.2.3　讨论

从表 3-2、表 3-3，以及图 3-5、图 3-8 中，可以发现：

（1）本书提出的方法，在使用了形状、大小、高度等和对象相关的信息后，可以有效地提高分类的精度，具体数据可以参见表 3-2，该方法的整体分类精度高于平行六面体、最小距离、最大似然、马氏距离和二进制编码分类法，将分类精度提高了 4.2%～57.8% 不等，其 Kappa 系数也是六种分类方法中最高的。这符合人们对世界的认知理论，光谱特征类似的地物可能并不是同一种类型，以建筑物为例，若以光谱特征来判断，房顶为水泥的建

表 3 - 3　从参考数据得来的全图分类误差矩阵

分类数据	SP	SC	S	R	TG	F	T	B	I	C	G	行总和
SP	3 078	189	990	0	15	126	97	453	1 380	7	216	6 551
SC	0	6 274	469	0	0	87	8	1 336	714	41	276	9 205
S	2	80	5 120	0	0	8	6	131	877	293	635	7 152
R	0	0	618	6 362	0	0	0	24	492	0	905	8 401
TG	0	0	0	0	328	17	1	7	75	0	0	428
F	3	67	447	0	6	880	40	663	1 054	19	182	3 361
T	68	134	797	0	0	291	16 792	116	1 051	1 581	1 975	22 805
B	0	497	210	23	0	151	3	7 620	1 345	0	328	10 177
I	99	1 125	4 150	49	28	965	1 094	2 002	7 820	804	1 904	20 040
C	15	4	3 267	13	34	714	1 433	76	609	68 552	9 056	83 773
G	78	484	4 549	341	4	355	1 846	401	2 937	10 020	88 987	110 002
列总和	3 343	8 854	20 617	6 788	415	3 594	21 320	12 829	18 354	81 317	104 464	281 895

	生产者精度	使用者精度
SP	92.07%	46.98%
SC	70.86%	68.16%
S	24.83%	71.59%
R	93.72%	75.73%
TG	79.04%	76.64%
F	24.49%	26.16%

	生产者精度	使用者精度
T	78.76%	72.12%
B	59.40%	74.87%
I	42.61%	38.71%
C	84.30%	81.57%
G	85.18%	80.83%

整体分类精度＝74.9%　Kappa 系数＝0.667

注：SP：停车场或露天仓储区，SC：水泥地表，S：街道，R：机场跑道，TG：网球场，F：农村居民地，T：混合树木区域，B：工业建筑，I：工业用地，C：耕地，G：草地。

筑物可能被划到水泥地表的一类，房顶为绿化的建筑物可能被划到草地的这一类，而有了高度信息的辅助，这种错分现象就不会发生。再以道路为例，道路旁的停车场或者空地与道路的光谱几乎完全一致，若不考虑停车场和空地的形状一般为规则的矩形，而道路比较狭长，道路错分到空地，或空地错分到道路的情况都有可能发生。正是由于避免了这些情况的发生，本方法才取得了相对其他分类方法更高的分类精度。而在这六种分类方法中，平行六面体法的分类精度最低，这是由于该方法是根据像素的光谱值形成的多维空间来划分种类，在分类类别较多时，各训练样本组成的特征空间互相重叠而造成的。

（2）从表 3-3 中可以观察到，虽然本方法对分类的整体精度有了提高，但精度仍然不是太高，只有 75% 左右。从这些图和表里可以发现，影响整体分类精度的主要是街道、农村居民区以及工业用地，影响街道和农村居民区的分类精度的主要原因是高光谱传感器的地面分辨率 4 m 仍然无法达到提取过小的物体（2～3 个像素）的水平，而工业用地的提取精度低是由于工业用地的覆盖地物实际上可能是街道、小的绿地、水景等等一切为工业建筑服务而产生的用地类型，因此较难完全准确提取，考虑其与工业建筑的相互关系可能能帮助工业用地的准确提取。

（3）另外一个可能会影响分类精度的是参考分类图，该图源自对遥感影像的人工解译，以矢量数字地图的格式来表示。在该数字地图中，街道这类的线状信息没有宽度信息，而在栅格形式的遥感影像以及分类结果里，这些地物都具有一定的宽度信息，任何一个微小的偏移都可能导致这类地物的分类精度受到较大影响，如何根据参考影像选择合适的精度评定方法来评价分类数据的精度，如仅使用地物中心点这类的方法，也是笔者需要进一步考虑的问题。

（4）从对原始数据（DSM，HyMAP）的观察来看，由于数据获取的年份不同，在高度信息上存在一定差异，有些在高光谱影像中能明显观察到的建筑物在 DSM 中并不存在。这些在原始数据中存在的差异也对最终的分类精度带来了一定影响，这类时间差直接影响到了工业用地、建筑物和水泥地表这三类地物的分类精度。

3.5　本章小结

将面向对象的影像分析引入传统的高光谱二进制编码，并在编码中使用形状、高程等可以从影像或辅助数据中获取的信息，是本章提出的一种改进二进制编码法的研究动机。这种方法将传统的基于像素的分类方法变换到了基于对象的分类方法，将形状、大小和高度信息用 28 位编码表示。为了实现影像目标的分析，根据提出的编码规则、实际经验和用户需求，笔者还研究了目标地物信息的二进制编码表达方法，并讨论了图像编码和地物编码的最小距离匹配方法。

为了验证改进的二进制编码方法，笔者以德国航天航空中心所在地奥伯法芬霍芬（Oberpfaffenhofen）为实验区，使用 HyMAP 影像和从机载激光雷达数据中获取的 DSM，将影像分割后所得的图像对象中包含的光谱、形状和高程转变成二进制编码，同时根据实际情况选取了 11 种地物类型并对其编码，然后用最小距离匹配法进行了地物分类实验。改进的二进制编码方法对训练数据没有最低样本量要求。同时，由于改进的二进制编码法将 12 位的影像灰度值用两个 1 位的二进制编码来表示，并且一个图像对象只需一个像素参与计算，因此降低了算法的计算量。在实验区域，笔者将该实验的分类精度与其他几种成熟的影像分类方法进行了比较，改进的二进制编码法获得了更高的分类精度。

在本章的最后，根据实验的具体情况，讨论了方法中还可以进一步思考的问题，如形状因子的设置选取和编码、遥感分类影像的精度评定方法等,认为数据的不同时相对分类的精度也产生了一定的影响。在下一章的研究里,将分析对形状因子的选取、不同的特征匹配算法等更多需要进一步分析和讨论的内容。

第4章

引入概率的改进的二进制编码法与形状因子及编码长度分析

4.1 概　　述

在上一章中,笔者提出了一种改进的二进制编码法(Improved Binary Encoding,IBE)方法,该方法引入面向对象的影像分析方法,在原有光谱信息二进制编码的基础上,将这些附加信息以 28 位编码表示加入后续的分析。实验分类结果证实笔者的方法与成熟的几种分类方法相比,需要更少的训练数据和计算量,却能得到更高的分类精度。尽管如此,该方法还存在不少需要进一步思考的问题,比如在进行特征匹配度计算时(参见 3.3.6 节)是否能改进原有简单累加各种距离的方法;现有的 5 个形状因子是否是反映地物特性的最佳选择;每个因子的编码位数是否足够,是否有冗余等等。因此,本章将在上一章提出的改进的二进制编码方法的理论基础上,针对这些问题进行讨论并给出实验和解决方法。

4.2 将概率引进特征匹配度的计算

除了 3.3.6 节中提出的将光谱距离、形状和大小以及高度距离等进行赋权累加用于地物分类之外,笔者还提出了一种最大匹配概率方法,其具体思路如下:图像中的任何一个图像对象,都可以根据笔者定义的算法,计算出其与每个目标对象的相似程度,或者说归属概率,图像对象与目标越相似,归属概率越大。在计算图像对象与各个目标对象的归属概率时,首先根据光谱距离计算出图像对象与各个目标对象的光谱归属概率,然后根据笔者对这些目标对象的形状和大小等的要求,计算出图像对象各个形状等因子的归属概率,然后再用几何均值、算术均值等方法计算整体归属概率,再将图像对象分类到归属概率最高的目标对象。这种方法与之前方法相比的最大优点是增加了灵活性,可以根据实际情况调整各个因子的比重。

4.2.1 概率的计算

4.2.1.1 光谱概率模型

对于每个图像对象,其光谱归属概率可以根据式(4-1)定义:

$$P_{sp}(i) = \frac{P_0 - P_1}{maxD - minD} \cdot D_i + \frac{P_1 \cdot maxD - P_0 \cdot minD}{maxD - minD}$$

$$i = 1, 2, \cdots, n \qquad (4-1)$$

式中,$P_{sp}(i)$ 是图像对象对目标对象 i 的光谱归属概率。n 是目标对象的个数。D_i 是图像对象到目标对象 i 的光谱距离,可以根据式(3-13)计算得来。$minD$ 是 D_i 的最小值,$maxD$ 是 D_i 的最大值,$i = 1, 2, \cdots, n$。

$[P_0, P_1]$是光谱归属概率的区间,当 D_i 等于 maxD 时,图像对象具有最低的光谱归属概率 P_0,而当 D_i 等于 minD 时,图像具有最高光谱归属概率 P_1。

4.2.1.2　形状概率模型

假定目标对象的形状信息是用 m 个形状描述符来进行描述,并且每个描述符使用一串 b_{ls} 长的二进制编码来表示。在上一章提出的方法里,对于每个形状描述符,形状距离只可能是"0"或"1",意味着"匹配"和"不匹配"。假设"匹配"能得到概率 P_M 而"不匹配"只能得到概率 P_U,那么对于第 i 个目标的第 j 个形状描述符来说,图像对象的归属概率为

$$\overline{P_{sh}}(i, j) = \begin{cases} P_M, & \text{Matched} \\ P_U, & \text{Unmatched} \end{cases}, \ i = 1, 2, \cdots, n; \ j = 1, 2, \cdots, m$$

$$(4-2)$$

与此同时,由于笔者对不同目标对象的某些形状因子的定义不同,或者说容忍度不同,例如,笔者认为道路的长宽比应当是相当高的,只能在 Bin5 这个区间,而房屋的长宽比应该较低,可能在 Bin1~Bin3 这个区间,如果有两个目标对象,一个目标对象的长宽比落在 Bin5 的区间,而另一个目标对象的长宽比落在 Bin2 的区间,按照笔者的定义来说,这两个目标对象的匹配结果都是"匹配"。但由于对长宽比要求的严格程度的不同,"匹配"的实际意义也应该不同,其"匹配"的归属概率也应该随之调整,为此,在计算归属概率的时候,笔者加入了一个调整系数 A_s。

$$P_{sh}(i, j) = \overline{P_{sh}}(i, j) \cdot A_s(i, j)$$

$$= \overline{P_{sh}}(i, j) \cdot \left(\frac{1 - P_A}{1 - b_{ls}} \cdot T_s(i, j) + \frac{P_A - b_{ls}}{1 - b_{ls}} \right) \quad (4-3)$$

该调整系数是根据各个形状因子的容忍度 $T_s \in \{1, 2, \cdots, b_{ls}\}$ 来定

义的，T_s 具体的值由用户来定义，反映了目标对象对该形状因子的要求，如，道路的面积应在 Bin1—Bin3 之间，道路目标对象面积的二进制编码为 11100，这样容忍度 T_s 为 3。如果对该形状因子没有特殊要求的话，即目标对象形状因子的二进制编码为 11111 时，则 $T_s = b_{ls}$，这样，式（4-3）实际上是用 $P_{sh}(i, j)$ 乘以 P_A。

所有形状因子的总体归属概率由算数平均值来定义：

$$P_{sh}(i) = \frac{1}{b_{ls}} \sum_{j=1}^{m} P_{sh}(i, j) \tag{4-4}$$

也可以用几何平均值来定义：

$$P_{sh}(i) = \sqrt[b_{ls}]{\prod_{j=1}^{m} P_{sh}(i, j)} \tag{4-5}$$

4.2.1.3　高度概率模型

如果图像对象的高度信息是用 b_{lh} 位的二进制编码来表示的话，在笔者提出的方法中，高度距离只有 0 和 1 这两种可能性，意味着"匹配"和"不匹配"。假设"匹配"能得到概率 P_M 而不匹配只能得到概率 P_U，这样对第 i 个目标对象而言，图像对象的高程归属概率为

$$\overline{P_{he}}(i) = \begin{cases} P_M, & \text{Matched} \\ P_U, & \text{Unmatched} \end{cases} \quad i = 1, 2, \cdots, n \tag{4-6}$$

与形状因子类似，这里也增加了一个调整系数 A_h，当用户对高程要求的严格程度不同的时候，可以调整归属概率的大小。

$$\begin{aligned} P_{he}(i) &= \overline{P_{he}}(i) \cdot A_h(i) \\ &= \overline{P_{he}}(i) \cdot \left(\frac{1 - P_A}{1 - b_{lh}} \cdot T_h(i) + \frac{P_A - b_{lh}}{1 - b_{lh}} \right) \end{aligned} \tag{4-7}$$

式（4-7）与式（4-3）类似。

4.2.1.4　整体概率模型

整体归属概率的计算方法可以取各归属概率的数学平均值,也可以取几何平均值,如

$$\bar{P}(i) = \left[P_{\mathrm{sp}}(i) + P_{\mathrm{sh}}(i) + P_{\mathrm{he}}(i) \right] / 3 \qquad (4-8)$$

或

$$\bar{P}(i) = \sqrt[3]{P_{\mathrm{sp}}(i) \cdot P_{\mathrm{sh}}(i) \cdot P_{\mathrm{he}}(i)} \qquad (4-9)$$

在比较图像对象对于各目标对象的归属概率的大小,用于判断图像对象与用户定义的哪个目标对象最为近似,首先要将如上的归属概率进行归一,按式(4-10)进行计算:

$$P(i) = \frac{\bar{P}(i)}{\max P(i)} \qquad (4-10)$$

式中,$\max P(i)$ 是所有图像对象对于目标对象 i 的归属概率的最大值,在分类实验中,图像对象将被分类到归属概率最大的目标对象那一类。

4.2.1.5　权重的考虑

在将概率引进特征匹配度的改进的二进制编码算法中,各因子权重的考虑可以通过权重系数来实现,若分别给定 W_{sp},W_{sh},W_{he} 为光谱、形状和高程的权重,$\widetilde{P}$ 为经过权重系数调整过后的归属概率,当用算术平均值来计算整体归属概率,即按照式(4-8)来计算时,则有

$$\widetilde{P}_{\mathrm{sp}}(i) = W_{\mathrm{sp}} \cdot P_{\mathrm{sp}}(i)$$
$$\widetilde{P}_{sh}(i) = W_{sh} \cdot P_{\mathrm{sh}}(i) \qquad (4-11)$$
$$\widetilde{P}_{\mathrm{he}}(i) = W_{\mathrm{he}} \cdot P_{\mathrm{he}}(i)$$

若采用几何平均值的方式来计算整体归属概率,即按照式(4-9)来计算时,笔者采用幂指数的方法来添加,即

$$\widetilde{P}_{sp}(i) = P_{sp}(i)^{W_{sp}}$$
$$\widetilde{P}_{sh}(i) = P_{sp}(i)^{W_{sh}} \qquad (4-12)$$
$$\widetilde{P}_{he}(i) = P_{he}(i)^{W_{he}}$$

然后再根据式(4-8)—式(4-10)计算图像对象的整体归属概率,图像对象将被分到整体归属概率最大的那一类。

4.2.2 实验和比较

笔者进行了几组实验,将引入概率的特征匹配方法加入改进的二进制编码法对实验区德国奥伯法芬霍芬(Oberpfaffenhofen)进行了地物分类实验,实验中的参数包含如下:

P_0:光谱归属概率的最低值,对于一个图像对象,若其与某目标对象的光谱距离为其与所有目标对象中的最大值,则该图像对象对于某目标对象的归属概率为P_0。

P_1:光谱归属概率的最高值,对于一个图像对象,若其与某目标对象的光谱距离为其与所有目标对象中的最小值,则该图像对象对于某目标对象的归属概率为P_1。一般来说,$P_0=0$,而$P_1=1$,实际计算中,P_0也可以取略大于0的值,而P_1也可以取略小于1的值。

P_M:形状因子或者高度的"匹配概率",若某图像对象形状或高度满足目标对象的要求,则该因子对于某目标对象因子的归属概率为P_M。

P_U:形状因子或者高度的"不匹配概率",若某图像对象形状或高度不满足目标对象的要求,则该因子对于某目标对象因子的归属概率为P_U。一般来说,$P_M=1$,而$P_U=0$,实际计算中可以进行调整。

P_A:形状因子或者高度的容忍度调整系数,当某图像对象形状或高度满足目标对象要求时,根据目标对象对该因子的要求的Bin的范围进行调整,当目标对象的要求的Bin范围等于b_{ls}时,匹配的概率为$P_M \times P_A$。P_A

一般取略小于 1 的值。

W_{sp}, W_{sh}, W_{he}：分别是光谱归属概率的权重系数,形状归属概率的权重系数和高度归属概率的权重系数。

下面将根据不同的几组参数和不同的整体归属概率算法进行不同组的分类实验。

4.2.2.1　不同整体概率算法

首先为了比较在整体归属概率计算中,采用算术平均值和采用几何平均值的不同整体概率,何种算法的分类精度较高,笔者进行了两组实验,第一组实验采用不同的四组整体概率算法,如表 4 - 1 的第二列所示,参数选择为：$P_0 = 0.0$, $P_1 = 1.0$, $P_M = 1.0$, $P_U = 0.0$, $P_A = 1.0$, $W_{sp} : W_{sh} : W_{he} = 1 : 1 : 1$。第二组实验采用四组整体概率算法与第一组实验相同,为了避免 0 值对几何平均值计算的影响,参数选择为：$P_0 = 0.1$, $P_1 = 1.0$, $P_M = 1.0$, $P_U = 0.1$, $P_A = 1.0$, $W_{sp} : W_{sh} : W_{he} = 1 : 1 : 1$。然后分别按照以上算法和参数设置对实验区进行了分类实验,并且根据参考图对训练区和整个区域的分类精度进行了评价,并获取了分类精度的 Kappa 系数,具体数据可以参见表 4 - 1 和表 4 - 2。

表 4 - 1　实验一：不同的整体概率计算分类效果比较表

序号	算　法	P_1	P_0	P_M	P_U	P_A	$W_{sp} : W_{sh} : W_{he}$	训练区精度	整体分类精度	Kappa
1	$\sqrt[3]{P_{sp} \times \sqrt[b_{ls}]{\prod P_{sh}(i)} \times P_{he}}$	1.0	0.0	1.0	0.0	1.0	1 : 1 : 1	82.35%	70.23%	0.605 6
2	$\sqrt[3]{P_{sp} \times \frac{1}{m}\sum P_{sh}(i) \times P_{he}}$	1.0	0.0	1.0	0.0	1.0	1 : 1 : 1	84.87%	70.59%	0.610 4
3	$\frac{1}{3}\left(P_{sp} + \sqrt[b_{ls}]{\prod P_{sh}(i)} + P_{he}\right)$	1.0	0.0	1.0	0.0	1.0	1 : 1 : 1	84.87%	70.97%	0.614 2
4	$\frac{1}{3}\left(P_{sp} + \frac{1}{m}\sum P_{sh}(i) + P_{he}\right)$	1.0	0.0	1.0	0.0	1.0	1 : 1 : 1	84.87%	70.63%	0.610 8

表 4-2　实验二：不同的整体概率计算分类效果比较表

序号	算　法	P_1	P_0	P_M	P_U	P_A	$W_{sp}:W_{sh}:$ W_{he}	训练区精度	整体分类精度	Kappa
1	$\sqrt[3]{P_{sp}\times\sqrt[b_{ls}]{\prod P_{sh}(i)}\times P_{he}}$	1.0	0.1	1.0	0.1	1.0	1:1:1	84.87%	70.95%	0.613 8
2	$\sqrt[3]{P_{sp}\times\dfrac{1}{m}\sum P_{sh}(i)\times P_{he}}$	1.0	0.1	1.0	0.1	1.0	1:1:1	84.87%	70.71%	0.611 5
3	$\dfrac{1}{3}\left(P_{sp}+\sqrt[b_{ls}]{\prod P_{sh}(i)}+P_{he}\right)$	1.0	0.1	1.0	0.1	1.0	1:1:1	84.03%	70.53%	0.608 9
4	$\dfrac{1}{3}\left(P_{sp}+\dfrac{1}{m}\sum P_{sh}(i)+P_{he}\right)$	1.0	0.1	1.0	0.1	1.0	1:1:1	84.87%	70.66%	0.611 1

从表 4-1 中可以看出，当光谱归属概率以及形状高程归属概率的区间均取 $[0,1]$，并且不考虑容忍度调整时（$P_A=1$），算术平均值的分类精度要高于几何平均值。考虑到 0 值对几何平均值的影响，笔者将概率的区间由 $[0,1]$ 调整到了 $[0.1,1]$，仍然不考虑容忍度调整（$P_A=1$），从表 4-2 可以看出，采用几何平均值的算法的分类精度得到了提高，从 70.23% 到 70.95%，以及 70.59% 到 70.71%，其中分类精度和 Kappa 系数最高的为算法 1，即

$$P=\sqrt[3]{P_{sp}\times\sqrt[b_{ls}]{\prod P_{sh}(i)}\times P_{he}} \qquad (4-13)$$

4.2.2.2　不同参数设置

下面将选择算法 1，先对 P_0，P_1，P_M，P_U 和 P_A 这一组参数的不同取值对分类的影响进行讨论，P_0 与 P_U 的值分别取 $\{0.1, 0.25, 0.5\}$ 这三组，P_1 与 P_M 的值分别取 $\{1.0, 0.9\}$ 这两组，P_A 取 $\{1.0, 0.8, 0.6\}$ 这三组，总共

有 108 种组合，为了减少计算量，笔者设定 $P_1 = P_M$，则组合降低为 54 组。笔者将 P_1 与 P_M 的两种不同取值与其他参数的组合所得的分类精度分列，如表 4-3 所示。

表 4-3　实验三：不同的整体归属概率计算参数对分类精度的影响

序号	算法	P_1	P_0	P_M	P_U	P_A	$W_{sp}:W_{sh}:W_{he}$	训练区精度	整体分类精度	Kappa
1						1.0		84.87%	70.95%	0.613 8
2					0.1	0.8		84.87%	70.93%	0.613 2
3						0.6		84.87%	70.97%	0.613 9
4						1.0		86.55%	71.13%	0.616 4
5				0.1	0.25	0.8		86.55%	71.11%	0.615 8
6						0.6		86.55%	71.15%	0.616 5
7						1.0		88.24%	72.17%	0.630 3
8					0.5	0.8		88.24%	72.15%	0.629 7
9						0.6		88.24%	72.19%	0.630 4
10	$\sqrt[3]{P_{sp} \times \sqrt[b_{ls}]{\prod P_{sh}(i)} \times P_{he}}$	1.0		1.0		1.0	1:1:1	83.19%	70.49%	0.608 4
11					0.1	0.8		83.19%	70.48%	0.608 3
12						0.6		83.19%	70.48%	0.608 3
13						1.0		85.71%	70.95%	0.614 5
14			0.25		0.25	0.8		85.71%	70.95%	0.613 8
15						0.6		85.71%	70.95%	0.613 8
16						1.0		86.55%	71.31%	0.618 1
17					0.5	0.8		86.55%	71.36%	0.619 4
18						0.6		86.55%	71.31%	0.618 7
19						1.0		82.35%	70.46%	0.608 2
20			0.5		0.1	0.8		82.35%	70.47%	0.608 2

续　表

序号	算　法	P_1	P_0	P_M	P_U	P_A	$W_{sp}:W_{sh}:W_{he}$	训练区精度	整体分类精度	Kappa
21					0.1	0.6		82.35%	70.47%	0.6080
22						1.0		84.03%	70.60%	0.6098
23					0.25	0.8		84.03%	70.60%	0.6090
24		1.0	0.5	1.0		0.6		84.03%	70.60%	0.6097
25						1.0		86.55%	71.13%	0.6165
26					0.5	0.8		86.55%	71.14%	0.6165
27						0.6		86.55%	71.13%	0.6164
28						1.0		84.97%	70.92%	0.6135
29					0.1	0.8		84.87%	70.95%	0.6137
30						0.6		84.03%	71.00%	0.6134
31						1.0		86.55%	71.15%	0.6168
32			0.1		0.25	0.8		86.55%	71.19%	0.6169
33	$\sqrt[3]{P_{sp}\times\sqrt[b_{ls}]{\prod P_{sh}(i)}\times P_{he}}$					0.6	1:1:1	85.71%	71.23%	0.6167
34						1.0		88.24%	72.08%	0.6292
35					0.5	0.8		88.24%	72.12%	0.6294
36		0.9		0.9		0.6		87.40%	72.17%	0.6292
37						1.0		83.19%	70.48%	0.6072
38					0.1	0.8		83.19%	70.45%	0.6069
39						0.6		83.19%	70.46%	0.6071
40						1.0		85.71%	70.94%	0.6128
41			0.25		0.25	0.8		85.71%	70.92%	0.6124
42						0.6		85.71%	70.93%	0.6127
43						1.0		87.40%	71.76%	0.6238
44					0.5	0.8		87.40%	71.73%	0.6235
45						0.6		87.40%	71.80%	0.6246

续　表

序号	算　法	P_1	P_0	P_M	P_U	P_A	$W_{sp}:W_{sh}:W_{he}$	训练区精度	整体分类精度	Kappa
46						1.0		82.35%	70.45%	0.607 0
47					0.1	0.8		82.35%	70.42%	0.606 7
48						0.6		82.35%	70.45%	0.607 0
49						1.0		83.19%	70.48%	0.607 3
50	$\sqrt[3]{P_{sp} \times \sqrt[b_{ls}]{\prod P_{sh}(i)} \times P_{he}}$	0.9	0.5	0.9	0.25	0.8	1:1:1	83.09%	70.45%	0.607 0
51						0.6		83.09%	70.47%	0.604 3
52						1.0		86.55%	71.14%	0.615 7
53					0.5	0.8		86.55%	71.12%	0.615 4
54						0.6		86.55%	71.14%	0.615 7

从表 4-1 和表 4-3 中可以看出这样的趋势：分类精度随着 P_U 值（分别为 0.0，0.1，0.25 和 0.5）的升高而增加，而随着 P_0 值（分别为 0.0，0.1，0.25 和 0.5）的升高而降低，P_1 和 P_M 的降低使得分类精度也有略微降低，但并不存在明显影响，而参数 P_A 的值的变化对分类精度的影响并不明显。

这些数据说明在概率计算中这些参数的调整是有意义的，可以帮助提高算法的分类精度，其中，在这 54 组实验中具有最高分类精度的算法是第 9 组参数：$P_0 = 0.1$，$P_1 = 1.0$，$P_M = 1.0$，$P_U = 0.5$，$P_A = 0.6$。

4.2.2.3　不同权重设置

这里，笔者采用了从 4.2.2.2 节的实验结果中获得的较高精度的归属概率算法和对应的参数设置，然后再对不同的权重比设定进行精度分析，并进行了比较，如表 4-4 所列。

表 4 - 4　不同的权重系数对分类精度的影响

序号	算　法	P_0	P_1	P_M	P_U	P_A	$W_{sp}:W_{sh}:$ W_{he}	训练区精度	整体分类精度	Kappa
1							1:1:1	88.24%	72.19%	0.630 4
2							2:1:1	88.24%	73.43%	0.645 7
3							4:2:1	89.92%	73.67%	0.648 8
4							8:2:1	91.60%	74.31%	0.658 6
5	$\sqrt[3]{P_{sp} \times \sqrt[b_{ls}]{\prod P_{sh}(i)} \times P_{he}}$	0.1	1.0	1.0	0.5	0.6	16:2:1	91.60%	74.80%	0.665 4
6							32:2:1	91.60%	74.62%	0.663 7
7							64:4:1	90.76%	74.67%	0.662 6
8							153:5:2	90.76%	74.57%	0.661 2
9							306:5:1	91.60%	74.47%	0.661 6

在第 3 章中,也曾讨论过权重的问题,从图 3 - 6 中可以看出,当 $w_s=$ 2, $w_h=4$ 时,分类的精度最高。正如笔者在 3.4.2.1 节中所讨论过的:图像的光谱信息是用 2×126,也就是 252 位编码进行表示,理论上来说,如果不考虑太阳光谱特性等因素,光谱距离的均值应为 126,而实际上,由于地物反射光谱与太阳光谱存在一定相关关系,光谱距离往往要小于这个理论上的均值。图像对象的形状和大小信息是用 25 位编码进行表示,特征距离的理论均值为 2.5;而图像相对高度信息只有 3 位编码表示,特征距离的理论均值只有 0.5。

在改进的二进制编码法中,若采用最小距离作为特征匹配的算法,当 3.4.2.1 节中的 w_s 和 w_h 分别设置为 1 的话,其光谱、形状、高程距离的实际比重为 126:2.5:0.5,而不是看起来的 1:1:1。同样的,在使用最大概率作为特征匹配的算法时,由于光谱、形状和高程的归属概率均是一个介于 $[P_A \times P_0,\ P_1]$, $[P_A \times P_U,\ P_M]$ 的概率值,其均值近似于 $(P_A \times P_0 + P_1)/2$, $(P_A \times P_U + P_M)/2$ 和 $(P_A \times P_U + P_M)/2$。当 W_{sp}, W_{sh} 和 W_{he} 分别设置为 1,1,1 时,其比重相当于 $1:[(P_A \times P_U + P_M)/(P_A \times P_0 + P_1)]:$

$[(P_A \times P_U + P_M)/(P_A \times P_0 + P_1)]$。

对应表 4 - 4 中的数据，$P_0 = 0.1$，$P_1 = 1.0$，$P_M = 1.0$，$P_U = 0.5$，$P_A = 0.6$，光谱、形状、高程归属概率的均值大概为 0.53，0.65 和 0.65，形状 $W_{sp} : W_{sh} : W_{he}$ 若用 w_s 和 w_h 来表示的话，可以近似计算为 (62，310)，(31，155)，(31，77)，(16，39)，(8，19)，(4，10)，(2，5)，(2，4) 和 (1，1)。

比较表 4 - 4 中的实验结果和 3.4.2.1 节中的实验结果，可以得出的一致结论是，适当使用形状和高度信息的帮助可以有效地提高分类和地物提取的精度，但过分强调形状和高度信息反而会降低精度。从表 4 - 4 中可以观察到，当 $W_{sp} : W_{sh} : W_{he}$ 设置为 16 : 2 : 1 时，无论是训练区分类精度、总体分类精度和 Kappa 系数都是较高或最高的，根据笔者粗略的换算，这个系数比可以近似于第 3 章中的 $w_s = 8$ 和 $w_h = 19$，这样的结果和上一章的研究结论并不完全一致，但呈现出的趋势相同，随着权重的提高分类精度提高，然后到了一个最高点后再下降，针对不同的实验数据和目标对象，这样的形状和高度比重应是不同的。

4.2.3　分析和讨论

在本节中，研究了将概率引入改进二进制编码法的特征匹配方法。实现了目标编码和图像编码的最小距离匹配方法和最大概率匹配方法，提出了光谱、形状、高度等特征的概率模型，建立了整体概率的计算和权重设置。继而，论证了不同的归属概率算法及参数对分类精度的影响，得出了如下结论：计算归属概率时，几何平均值相对于算术平均值更为适合；而调整"不匹配概率"等参数也可以对原有分类精度进行改善；形状和高度信息的加入，有效地提高了高光谱遥感分类的精度，但若过于强调形状的权重将降低分类的精度，这也进一步验证了笔者在上一章中的研究结果。

将概率引入改进的二进制编码法的最大优点是便于调整不同目标地物对不同形状和高度要求，在 P_0，P_1，P_M，P_U，P_A 这些算法的参数和

W_{sp}，W_{sh}，W_{he} 这些权重参数的设置选取方面，可以依据以下原则：

（1）光谱归属概率的区间 $[P_0, P_1]$，不同目标地物类型间的光谱可分性越差，P_0 值取值应越大，P_0 的取值范围以 0.05 至 0.5 为佳，P_1 一般取 1。

（2）形状和高程归属概率的取值 $\{P_U, P_M\}$，当地物对形状或高程的依赖性越强时，P_U 的取值应越低，其取值范围以 0 至 0.5 为佳，P_M 一般取 1。

（3）用于调整形状和高程要求严格程度的参数 P_A，地物形状或者高程属性值的可分性越强，P_A 的值越低，其取值范围应以 0.6 至 1 为佳。当 P_A 取值为 1 时代表不进行调整，也就是无论对形状因子的要求严格度如何，其形状或高程归属概率都认为是 P_M。

（4）在 W_{sp}，W_{sh}，W_{he} 这三个权重参数的设置也与分类类别对光谱、形状和高度的依赖性有关，一般而言可取 16，2，1，目标地物类别的形状和高程可分性越强，可以适当降低 W_{sp} 的值，其取值范围为 4 到 32 为宜。

4.3 如何选取合适的形状因子

在 3.3.4.2 节中，笔者介绍了一部分用于笔者实验的形状和大小因子等，主要有面积、不对称系数、矩形系数、长宽比，以及紧致度这五种，除此之外用于描述图像对象形状的参数还有很多，不同的形状描述因子对于分类和目标识别的影响程度不同，在进行上一章的研究之前，笔者选择了 8 个不同的形状因子，并选择了其中的 5 个对实验区进行了分类实验，其余的 3 个形状因子分别是椭圆系数、内部目标数、形状系数。

4.3.1 形状因子介绍

面积、不对称系数、矩形系数、长宽比和紧致度的定义可以参见

3.3.4.2节,本节笔者也将给出增加的形状因子的定义,但在这之前,需要介绍几个通用的概念,这些概念是计算和理解各形状因子的基础。

大部分形状因子的计算都是根据形成一个图像对象的像素的空间分布的统计值得来的,一个最基本的统计值就是图像对象的协方差矩阵 S:

$$S = \begin{pmatrix} Var(\boldsymbol{X}) & Cov(\boldsymbol{XY}) \\ Cov(\boldsymbol{XY}) & Var(\boldsymbol{Y}) \end{pmatrix} \tag{4-14}$$

式中,$\boldsymbol{X}=$ 所有构成该图像对象的像素的 x 坐标,$\boldsymbol{Y}=$ 所有构成该图像对象的像素的 y 坐标。

另一个常用于获取图像对象形状(尤其是长和宽)信息的技术是图像对象包围盒的估计。笔者可以对每个图像对象计算其包围盒(图3-3),该包围盒的几何信息可以作为该图像对象形状的提示信息。图像对象包围盒可以提供的主要信息包括包围盒的长度 a,宽度 b,面积 $a \times b$,填充程度 f,即用图像对象的面积 A 除以包围盒的面积 $a \times b$。在 3.3.4.2 节中介绍的 5 个常用的形状和大小因子对地物提取的作用可以概括如下:

(1) 面积对地物识别的意义是十分显著的,地表上的物体的覆盖范围都是确定的,在一定研究区域内的物体的覆盖面积也是有限的,不同类型的地物覆盖面积的可能区间不同。面积可以作为地物识别的有效条件,如居民小区的绿化带、行道树等城市绿化和森林都是由树木组成,而面积可以作为区分它们的最有利条件;

(2) 不对称性可以用于区分具有长度特征的地物,如道路、桥梁等;

(3) 不规则地物的紧致度要低于规则地物,紧致度可以用于分析森林、绿地等形状较为不规则的地物;

(4) 矩形系数可以有效地提取具有矩形特征的地物,如规则建筑物、耕地、网球场等;

(5) 长宽比也用于区分具有长度信息的物体,与不对称性比较的话,其分类和地物提取效果笔者将在下面的内容进行讨论。

另外三个因子的定义如下。

4.3.1.1　椭圆系数(Elliptic Fit)

计算椭圆系数的过程与计算矩形系数的步骤有些类似：第一步是根据图像对象的面积，创建一个具有同等面积的椭圆；计算该椭圆时，图像对象的长宽比同样也需要被考虑到；然后再将图像对象落在椭圆外的面积 A_{oe} 与图像对象的面积 A 进行比较。如果椭圆系数为 0，意味着该图像对象的形状与椭圆完全不符，椭圆系数为 1 的话，表示该图像对象为椭圆。

$$EllipticFit = 1 - \frac{A_{oe}}{A} \qquad (4-15)$$

椭圆系数适宜于提取具有椭圆形边界的地物，如体育场等。

4.3.1.2　内部目标数(Number of Inner Objects)

如果图像对象内还包含了其他的图像对象，也就是出现了"岛"的情况，那么图像对象的内部目标数即为包含的图像对象的个数。图像的内部对象应该是被外面的图像对象完全包围。

一般而言，包含内部目标的地物可能有道路(多条交叉道路包含用地区域)、建筑物(裙楼和主楼)等情况，要结合实验区域的具体情况进行分析。

4.3.1.3　形状系数(Shape Index)

形状系数是用于描述图像对象边界平滑度的参数，图像对象的边界看起来越不规则越破碎，形状系数的值越高。用数学方法来描述的话，是用图像对象的边界长度除以四倍图像对象面积的开方，

$$s = \frac{Perimeter}{4 \cdot \sqrt{A}} \tag{4-16}$$

形状系数的取值最小为 1,最大值取决于图像对象的形状。

形状系数与紧致度的作用有些类似,是否可以相互取代,其分类效果是否相同笔者将在下面的实验中进行讨论。

4.3.2　实验和分析

由于不同地物类别对不同形状因子的敏感程度不同,笔者将选择研究的中间数据——各图像对象的形状因子属性值,与目标分类选择不同的研究区域和不同的地物类别,分别检验不同形状因子对特定类别和整体分类精度的影响情况。为了便于分析,笔者选择了一小块 200 像素×200 像素的研究区域,如图 4-1 所示。

（a）　　　　　　　　　　　　　（b）

图 4-1　形状因子分析实验区

图 4-1 是实验区域的原始假彩色影像图和参考分类图,该区域覆盖的地物类别如图 4-1 所示,包含的主要地物类型有建筑物、工业用地、道路、机场跑道、网球场、水泥地表、草地这几种,占地面积过小并且在区域内不

完整的树木、停车场这两类用地不参与后面的实验分析。实验区域的上方由建筑群(玫红)和围绕建筑群的工业用地(粉红)为主,有几条主要的道路(红)贯穿了整个实验区域,一条机场跑道也以45°的角度横穿了整个区域,除此之外,区域的左上角还有三片网球场(橙色),另外两块水泥空地(蓝)也分布在了区域的中央。实验区域的中部及右下方区域主要被植被覆盖,从纹理来判断应为草地(深浅不同的绿)。整个实验区域包含的地物类型较多,适合形状因子的分析需要。表4-5列出了关于该区域各用地类别的一些统计信息。

表4-5　形状因子分析实验区相关信息

类 别 名	图例颜色[R, G, B]	占地面积(像素数)	面积所占百分比
建筑物	玫红 [255, 0, 255]	2 414	6.04%
工业用地	粉红 [246, 164, 254]	4 523	11.31%
道路	大红 [255, 0, 0]	4 297	10.74%
机场跑道	浅灰 [210, 210, 210]	2 667	6.67%
网球场	橙色 [255, 127, 0]	174	0.44%
水泥地表	蓝色 [0, 41, 254]	596	1.49%
草地	草绿 [179, 229, 0] [99, 99, 0] [0, 222, 107]	25 136	62.84%

研究区域的相关8种形状因子的值也以灰度影像显示,如图4-2所示。在图中,形状因子的值越高,灰度值越大,在图上越亮,反之,形状因子的值越低,灰度值越低,在图上越暗。同时,为了分析不同地物形状因子的取值范围,笔者将各形状因子在该研究区域内的直方图计算出来,显示如图4-3所示。

将图4-2与图4-1进行对比,可以明显看出:

(1) 图4-2(a)中右下角的面积要明显大于左上角,也就是草地的面积

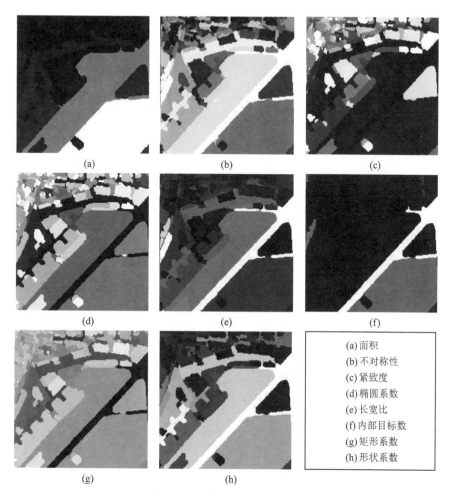

(a)　　　　　　　　(b)　　　　　　　　(c)

(d)　　　　　　　　(e)　　　　　　　　(f)

(g)　　　　　　　　(h)

(a) 面积
(b) 不对称性
(c) 紧致度
(d) 椭圆系数
(e) 长宽比
(f) 内部目标数
(g) 矩形系数
(h) 形状系数

图 4 - 2　形状因子属性参考图

要明显大于其他地物类型。

　　(2) 图 4 - 2(b)中狭窄的道路并不明显,但机场跑道和几条较宽的道路的不对称性的属性值较高。

　　(3) 图 4 - 2(c)中建筑物的紧致度较高,道路等紧致度较低。

　　(4) 图 4 - 2(d)中的道路等的椭圆系数较低。

　　(5) 图 4 - 2(e)中的道路和机场跑道等的长宽比较大。

　　(6) 图 4 - 2(f)中只有机场跑道及少数地物才包含内部对象。

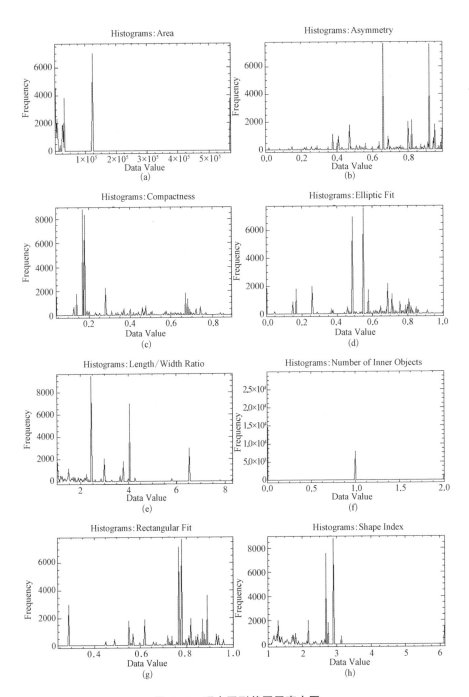

图 4-3 研究区形状因子直方图

（7）图 4-2(g)中可以看出建筑物的矩形系数较高,机场跑道由于其存在多个分叉,因此矩形系数最低。

（8）图 4-2(h)中可以看出形状系数与紧致度相反,建筑物等物体的形状系数较低,而道路等的形状系数较高。

观察研究区域形状因子的直方图,笔者可以发现不同形状因子的直方图存在不同的多个峰值,结合图 4-1(b)中的参考地面类别图笔者同样可以观察得出:

（1）图 4-3(a)面积,笔者可以观察到 4 个明显峰值区,分别位于 8 000, 30 000, 120 000 和 550 000 附近。全部落在第一个峰值区域内地物类别有:建筑物、网球场、水泥地表,大部分工业用地和部分草地区域也落在了第一个峰值范围内;落在第二个峰值区域内的主要有部分草地和工业用地;落在第三个明显峰值区域的主要为草地和机场跑道;落在第四个明显峰值区域的为草地。

（2）图 4-3(b)不对称性,笔者可观察到 5 个明显峰值区,分别位于 0.44, 0.66, 0.81, 0.91 和 0.95 附近。全部落在第一个峰值区域的地物类别有水泥地表,大部分网球场、面积较大的房屋、部分草地和部分工业用地也落在了第一个峰值区域;落在第二个峰值区域的主要有部分草地、工业用地、部分建筑物和另一部分网球场;落在第三个峰值区域的主要有草地和部分建筑物;落在第四个峰值区域的主要为草地和部分工业用地;落在第五个峰值区域的主要为机场跑道、部分道路和部分工业用地。

（3）图 4-3(c)紧致度,笔者可以观察到数据分布在 5 个不同的区域内,各区域的中间值在 0.04, 0.17, 0.28, 0.48 和 0.67 附近,其中最后两个峰值区域比较平坦。第一个峰值区域主要由机场跑道这一地物类型构成;第二个峰值区域主要是部分草地、道路和工业用地;第三个峰值区域主要是草地、道路和部分工业用地;第四个峰值区域主要是部分草地、建筑物和工业用地;第五个峰值区主要为建筑物、网球场、水泥地表以及少数工业用地和草地。所有建筑物都落在第四个和第五个峰值区域内。

(4) 图 4-3(d)椭圆系数,整个椭圆系数的直方图分布在 5 个区域内,每个区域的中间值在 0.08,0.21,0.52,0.70 和 0.80 附近。落在第一个区域内的地物主要是机场跑道和小部分道路和工业用地;落在第二个区域内的主要是道路、工业用地、部分草地和极小部分的建筑物;落在第三个区域内的主要是草地、部分工业用地和小部分建筑物;落在第四个区域内的主要是部分草地、工业用地和小部分建筑物;而落在第五个区域内的有全部的网球场、全部的水泥地表,小部分草地和大部分的建筑物。

(5) 图 4-3(e)长宽比,直方图中可以看出三个明显峰值 2.4,4.0 和 6.5。长宽比小于第一个峰值的部分包含了所有网球场,所有水泥地表,大部分建筑物和小部分草地;第一个峰值所在区域主要包含了部分草地和一部分的建筑物;第二个峰值所在区域主要包含了部分草地、工业用地和道路;第三个峰值及以上的区域主要包含了机场跑道,部分道路和一块狭长的草地。

(6) 图 4-3(f)内部目标数,内部目标数只有 0,1,2 这三种情况,包含内部目标的主要是机场跑道和面积较大的草地。

(7) 图 4-3(g)矩形系数,直方图中可以观察到四个峰值,分别在0.29,0.58,0.77 和 0.89 附近。第一个峰值主要由机场跑道构成;第二个峰值区域主要由部分道路、工业用地和草地构成;第三个峰值区域包含了大部分草地、部分道路、部分工业用地和建筑物;第四个峰值区域包含了全部的网球场、水泥地表,绝大部分建筑物和一部分草地。

(8) 图 4-3(h)形状系数,直方图中可以观察到 6 个峰值,分别在1.3,1.8,2.2,2.7,2.9 和 6.1 附近,其中第一个和第二个峰值区间比较平缓,第四个和第五个峰值区间比较接近。全部落在第一区间的有网球场、水泥地表这两种,大部分建筑物、部分草地和工业用地也落在了这区间内；落在第二区间的为部分草地、工业用地和道路；落在第三区间的为部分草地、道路和工业用地；落在第四区间的为部分草地和道路；落在地物区间的也是部分道路和草地，以及工业用地；构成第六区间的为机场跑道。

从上面的分析中可以看出：

（1）建筑物、网球场、水泥地表这几类地物的面积都比较小，面积可以作为判别建筑物、网球场和水泥地表的必要条件，而面积特别大的区域只有可能是草地，面积可以作为提取草地的充分条件。

（2）建筑物、网球场、水泥地表的不对称性较低，不对称性无法作为区分草地的条件，由于分辨率的限制，狭小的道路在分割和提取上存在一定难度，因此在本研究中，不对称性并没有像想象的那样能将道路完全进行区分，然而笔者可以看出的是，机场跑道这一明显的狭长地物，由于宽度较大在图像上比较明显，可以完整地分割和提取，其不对称性相比其他地物更大，因而可以作为提取跑道的条件，传感器分辨率的提升将提高本方法对道路的提取精度。

（3）网球场、水泥地表的紧致度非常高，建筑物的紧致度也较高，工业用地由于其形状不定，因此无法用紧致度来区分，紧致度最低的是存在分叉的机场跑道。

（4）椭圆系数与紧致度的分析结果有些类似，可以区分水泥地表和网球场，但对建筑物的区分度不够，这与建筑物的形状本来就不是椭圆形地物也存在联系。

（5）长宽比与不对称性的意义类似，其峰值数较不对称性要小，但其区分网球场、水泥地表和建筑物的能力要强于不对称性。

（6）内部目标数由于出现内部目标的比率太低，因此本研究没有特别太的意义。

（7）矩形系数较适合提取建筑物、网球场、水泥地表等规则地物。

（8）形状系数与紧致度的意义相反，其直方图也存在一些对称性。

经过这一番分析，笔者对不同形状因子对实验区地物的辨别能力也有了进一步的了解，上一章节中的因子选取正是基于这样的分析，形状系数和紧致度可以二取一，内部目标数可以去除，椭圆系数与紧致度相比可以去除，长宽比与不对称性虽然意义相近，但可分性和代表性地物不同，因此，面积、不对称性、紧致度、矩形系数、长宽比是较为合适的形状因子。而在第 3 章中的表 3-1——关于目标对象的形状因子的设定值问题，一方面可以根据用户需求来决定，另一方面也可以结合对实验区的先行分析来判断。

4.4 如何选择合适的编码长度和规则

在第 3 章的实验里，笔者将每个形状因子用 5 位二进制编码表示，而高度信息采用 3 位二进制编码来表示，实际上是将不同取值范围的多个连续变量进行了量化，5 位编码究竟是否能够充分反映各形状因子的特性，对不同值的形状因子进行区分；3 位编码是不是也足够；究竟多少位编码对笔者的实验比较合适？抱着这些问题，笔者有了本节的研究。

透过现象看本质，形状因子值是一维值，不同的编码长度实际上表示着采用不同的区间对形状因子值的区分程度，根据笔者在上一章中图 3-4 的定义，笔者可以计算出采用不同编码长度时不同形状因子划分的阈值，并且与直方图比对可以查看出不同编码长度时区分的阈值。

按照直方图积分面积相等的划分原则，笔者将第 4 章的实验区形状因子的值的直方图计算出来，并且分别计算出按照 10 位编码、5 位编码以及 3 位编码的划分阈值，并且在各直方图上表示出来，具体的数值和图表可以参见表 4-6 和图 4-4——图 4-6。

表 4 - 6　不同的编码长度的阈值划分

形状因子	统　计　值		10 位编码(5 位编码)阈值			3 位编码阈值
Area 面积	最小值	16	1 129	3 354	8 222	10 169 53 147
	最大值	569 584	16 289	25 747	35 205	
	均　值	106 012	60 102	124 083	346 833	
Asymmetry 不对称性	最小值	0.000 0	0.259 8	0.409 8	0.499 9	0.549 9 0.709 9
	最大值	1.000 0	0.599 8	0.649 8	0.659 6	
	均　值	0.616 7	0.739 9	0.839 8	0.919 9	
Compactness 紧致度	最小值	0.000 0	0.179 8	0.189 7	0.279 8	0.309 7 0.539 8
	最大值	0.900 0	0.329 7	0.409 7	0.479 8	
	均　值	0.410 5	0.569 7	0.629 7	0.689 6	
Length/Width Ratio 长宽比	最小值	1.000 0	1.176 9	1.345 7	1.494 4	1.554 7 2.443 0
	最大值	17.460 0	1.675 3	1.972 7	2.402 8	
	均　值	2.363 4	2.451 0	2.993 7	4.143 3	
Rectangular Fit 矩形系数	最小值	0.240 0	0.659 8	0.719 8	0.779 7	0.779 7 0.859 7
	最大值	1.000 0	0.785 7	0.799 7	0.839 6	
	均　值	0.784 4	0.864 0	0.889 8	0.919 6	

表 4 - 6 中第一列列出的是不同形状因子的名称,第二列列出了实验区不同形状因子的最小值、最大值和均值等统计信息,第三列列出了若采用10 位编码时使用的 9 个阈值,阴影部分为采用 5 位编码时的 4 个阈值,第四列列出了若采用 3 位编码时的 2 个阈值,这些阈值在图 4 - 4—图 4 - 6 中以竖线的形式标出。在矩形系数的阈值计算时,由于直方图存在的跳跃性,40% 处的阈值实际为 46%。

4.4.1　面积的编码

以图 4 - 4 为例,图像的直方图以黑竖线的格式绘出,划分不同编码长度的阈值以彩色竖线的格式绘出,其中实线(包括蓝色和红色)表示按照 10

位编码规则时的阈值划分,红色实线表示按照 5 位编码时的阈值划分,虚线(绿色)表示按照 3 位编码时的阈值划分。在图 4 - 4 中,由于小面积比较集中,因此笔者将直方图的前半部进行放大表示,可以更加直观地观察阈值和直方图形状的对应关系。

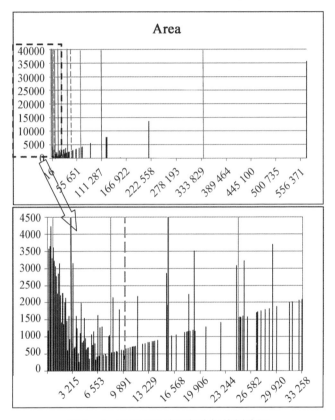

图 4 - 4　面积不同编码长度阈值划分图

从图像直方图的意义来说,直方图的峰值一般代表着同类地物的聚集,而一个峰值过渡到另一个峰值的谷值代表着中间地物的过渡,若能再每类特征聚集的峰值之间进行阈值划分,是较优的分割方案也就是较优的编码方法和长度。

从图 4 - 4 中可以观察到,面积的直方图聚集在从 16～50 000 m² 的范围内：第一个峰值出现在 500 m^2 左右，谷值在 $2\ 100 \text{ m}^2$ 左右，该区域的地物由 $10 \sim 100$ 个左右像素组成，落在该区域的一般是由于光谱信息变化较大区域而导致较小的地物及其碎片，主要为道路、较小的建筑物和工业用地这三种；第二个峰值出现在 $3\ 200 \text{ m}^2$ 左右，谷值在 $5\ 300 \text{ m}^2$ 左右，该区域内的地物大约为 $100 \sim 300$ 个像素，这个区域属于较小地物到中等地物的过渡阶段，包含的地物种类较多，道路、面积较小的绿地和耕地、中等面积的水泥地表和建筑物等都出现在这个区域之内；随后直方图一直呈爬升趋势，第三个峰值出现在 $19\ 000 \text{ m}^2$ 左右，随后的谷值大约在 $25\ 000 \text{ m}^2$ 左右，该区域内的地物大致为 $300 \sim 1\ 500$ 个像素，停车场大致都位于该区域内，该区域还包含了面积较大的建筑物、水泥地表、道路，以及中等面积的耕地等；第四个直方图区域的划分应该在 $120\ 000 \text{ m}^2$ 之前，该区域的地物大致为 $1\ 500 \sim 7\ 500$ 像素之间，全部为耕地、草地、森林等，机场跑道，以及少数面积较大的水泥地表；第五个直方图区域主要是大于 $120\ 000 \text{ m}^2$ 的地物，主要是占地特别大的草地以及由于光谱特征过于相近而导致的耕地或草地的组合。

从以上分析可以看出，采用 $2\ 100$，$5\ 300$，$25\ 000$，$120\ 000$ 这四个阈值，5 位编码的方法可以较好地将研究区域的面积因子区分开来，与表 4-6 比对的话，3 位编码长度（阈值分别为 $10\ 169$，$53\ 147$）无法区分 $10\ 000 \text{ m}^2$ 以下的地物，对建筑物道路的提取不利，$50\ 000 \text{ m}^2$（70 亩）正好属于中等耕地的面积，这样的划分对实验区面积的表达较为不利；5 位编码长度将较小地物和特大地物的划分比较准确；10 位编码长度的阈值分别为 $1\ 129$，$3\ 354$，$8\ 222$，$16\ 289$，$25\ 747$，$35\ 205$，$60\ 102$，$124\ 583$，$346\ 833$，其中 $1\ 129$，$35\ 205$，$60\ 102$ 以及 $346\ 833$ 的阈值对本研究区域内区分不同地物的意义不是太大。

总结下来，从面积来看，采用 5 位二进制编码的表达的划分方法是较为合适的，合适的阈值应为 $2\ 100$，$5\ 300$，$25\ 000$，$120\ 000$，按照直方图积分的面积而言,应当是 15%,25%,50%,75%这样的设置优于笔者所设定的 20%,40%,60%,80%这样的面积等距阈值。

4.4.2 不对称性的编码

从图 4-5 中看来,不对称性由于其值域固定,其直方图可读性要优于图 4-4,从图上看来,第一个直方图的峰值出现在 0.15,而谷值出现在 0.20,落在该区域的地物属于不对称性极低的地物,包含了呈近似正方形的网球场、水泥地表、建筑物、部分绿地,以及部分面积过小无代表意义的图像碎片;第二个直方图的峰值出现在 0.26,而谷值出现在 0.33 左右,落在该区域内的还是少数绿地、建筑物、工业用地,以及停车场;第三个直方图的峰值出现在 0.41,而谷值出现在 0.51,较多的耕地、草地、建筑物落在该区间;第四个直方图的峰值出现在 0.67,而谷值出现在 0.78,该区域内的地物主要有绿地、耕地、森林、少数建筑物和工业用地等;第五个直方图的峰值出现在 0.82,谷值在 0.87,该区域内的地物主要有少数较长的草地、建筑物、耕地;最后一个直方图的峰值出现在 0.92,该区域内的主要为道路、机场跑道、不同地物间的狭长边界等。

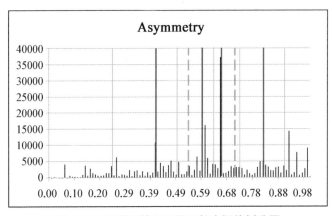

图 4-5 不对称性不同编码长度阈值划分图

从以上分析可以看出,采用 0.20,0.33,0.51,0.78,0.87 这 5 个阈值,6 位编码的方式可以较好地划分不对称性的直方图,但是第一第二区域,第三第四区域地物类型相似,可以分别合并。与表 4-6 比对,采用 3 位编码(阈值分别为 0.549 9 和 0.709 9)可以较好的划分不同的地物类型,5 位编码(阈值分别为 0.409 8,0.599 8,0.659 6,0.839 8)和 10 位编码(阈值分别为 0.259 8,0.409 8,0.499 9,0.599 8,0.6 498,0.6 596,0.739 9,0.839 8,0.919 9)稍显多余。

总结下来,从不对称性来看,采用 3 位的编码方法,阈值为 0.33,0.87 是计算量较小而又能有效区分地物的方法,按照直方图面积划分来说应当为 15% 和 80%。

4.4.3 紧致度的编码

从图 4-6 看来,紧致度的直方图基本上比较均匀,直方图的第一个峰值出现在 0.04,而谷值出现在 0.12,该区域包含分叉较多的机场跑道和道路;第二个峰值出现在 0.18,而谷值出现在 0.22,该区域包含道路,边界不规则的绿地和耕地等;第三个峰值出现在 0.31,而谷值出现在 0.39,该区域包含一般的不规则区域,如位于图像边界的区域,以及部分绿地和居民地;

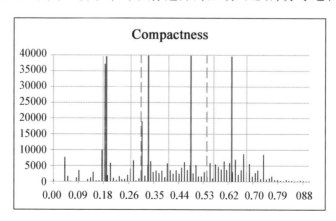

图 4-6 紧致度不同编码长度阈值划分图

第四个峰值出现在 0.46,而谷值出现在 0.54,该区域包含部分建筑物和停车场、部分工业用地等;第五个峰值出现在 0.60,而谷值出现在 0.64,该区域包含部分建筑物、工业用地和草地;第六个峰值出现在 0.67,而谷值出现在 0.72,该区域包含也是建筑物、工业用地、草地和水泥地表等;最后一个峰值出现在 0.74,包含了部分网球场、水泥地表和草地。

从紧致度的分析看来,整个直方图区域的平坦也代表着不同地物的可分性不强,虽然直方图出现了若干个波峰和波谷的现象,但实际较具意义的只有前两个,与表 4-6 比对,5 位编码(阈值分别为 0.189 7,0.329 7,0.479 8,0.629 7)相对 3 位编码和 10 位编码更优。

总之,对紧致度采用 4 位编码,阈值 0.22,0.39 和 0.54 就足够反映不同地物的紧致度特征,其直方图面积分别为 27%,50%,70%。

4.4.4 长宽比的编码

从图 4-7 看来,长宽比的第一个峰值出现在 1.42,而谷值出现在 1.64,涵盖了停车场、网球场、部分绿地和耕地、部分建筑物、水泥地表和工业用地;第二个峰值出现在 1.97,而谷值出现在 2.02,不规则的森林绿地等多在该区域出现,还包含了少量建筑物工业用地和水泥地表;第三个峰值

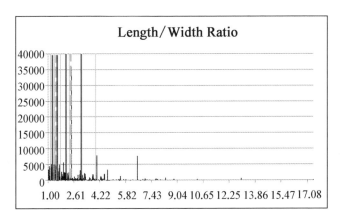

图 4-7 长宽比不同编码长度阈值划分图

出现在2.45,而谷值出现在2.63,包含了形状较长的耕地和工业用地以及部分建筑物;第四个峰值出现在3.00,而谷值出现在3.34,该区域包含的地物除道路外,主要有些绿化带和少量建筑物;第五个峰值出现在4.05,而谷值出现在5.23,主要为道路和绿化带;最后一个峰值出现在6.56,该区域内是道路和机场跑道。

从以上分析可以看出,采用1.64,2.02,2.63,3.34,5.23这5个阈值,6位编码的方法可以较好地划分长宽比的直方图,从用地类型来看第二个和第三个区域可以合并。与表4-6比对,采用3位编码(阈值分别为1.554 4和2.473 0)无法提取道路,5位编码(阈值分别为1.345 7,1.675 3,2.402 8,2.993 7)基本可以将道路划分在第五个区域,10位编码(阈值分别为1.176 9,1.345 7,1.494 4,1.675 3,1.972 7,2.402 8,2.451 0,2.993 7,4.143 3)可以较为精确地提取道路。

总结下来,从长宽比来看,采用6位(或5位)的编码方法,阈值为1.64,2.02,2.63,3.34,5.23(或1.64,2.63,3.34,5.23)是能有效区分地物的方法,按照直方图面积划分来说应当为37%,52%,77%,85%和95%(或37%,77%,85%和95%)。

4.4.5 矩形系数的编码

从图4-8来看,矩形系数的第一个峰值出现在0.29,而谷值出现在0.50,该区域包含具有多个分叉的机场跑道和道路;第一个峰值出现在0.67,而谷值出现在0.70,包含了一些不规则的森林区域,居住和绿地混杂的区域也大多在该范围内,该区域还包含了少数工业用地;第二个峰值出现在0.78,而谷值出现在0.84,一般的耕地、草地、工业用地都聚集在该区,少数不规则或者较小的建筑物也在该区域;第三个峰值出现在0.89,而谷值出现在0.92,水泥地表、停车场、大部分建筑物、部分草地耕地落在该区域内;最后一个峰值出现在0.93,少数几栋十分规则的建筑物和几片草地,

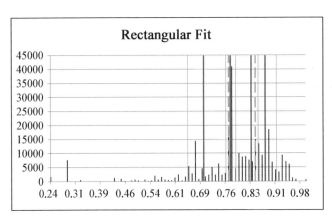

图 4-8　矩形系数不同编码长度阈值划分图

以及一些面积过小的碎片落在该区域。

可以看出,采用 0.50,0.70,0.84,0.92 的 4 位阈值,5 位编码方法可以有效地划分矩形系数,其中最后两个区域可以合并,也就是 0.50,0.70,0.84 作为阈值的 4 位编码是最有效的方法。与表 4-6 比对,采用 3 位编码(阈值分别为 0.779 7 和 0.859 7)无法提取分叉较多的机场跑道和道路,5 位编码(阈值分别为 0.719 8,0.785 7,0.839 6,0.889 8)也无法提取分叉较多的机场跑道和道路;10 位编码(阈值分别为 0.659 8,0.719 8,0.779 7,0.785 7,0.799 7,0.839 6,0.864 0,0.889 8,0.919 6)可以较为精确地提取道路,但后面冗余过多。

总结下来,从矩形系数来看,采用 5 位编码,0.50,0.70,0.84,0.92 作为阈值的方法是较为可行的,其直方图面积应为 5%,20%,60% 和 90%。

4.4.6　高程的编码

高程的编码与形状系数不同,是根据高程的绝对值来确定的,因此可以通过实际地物的高度范围来进行划分,不在此处与形状因子进行一并讨论。

4.4.7　分析和讨论

上述 4.4.1 至 4.4.5 节的讨论看似重复,但得出的结论不尽相同,有:

(1) 面积:5 位二进制编码,直方图积分的面积分别为 15%,25%,50%,75%。

(2) 不对称性:3 位二进制编码,直方图积分面积分别为 15% 和 80%。

(3) 紧致度:4 位二进制编码,直方图积分面积分别为 27%,50%,70%。

(4) 长宽比:6 位或 5 位二进制编码方法,直方图积分面积为 37%,52%,77%,85% 和 95%(或 37%,77%,85% 和 95%)。

(5) 矩形系数:5 位二进制编码,直方图积分面积应为 5%,20%,60% 和 90%。

从以上结论中,可以看出:不同形状因子虽然直方图划分的区间不同,但是 5 位左右的二进制编码是较为合适的表达不同地物信息的二进制编码长度,但是积分面积的设置则不应当为等距。

上述这五个因子当中,面积与其他四个因子不同,其直方图的 XY 轴是相关的,地物的面积越大,具有该面积的直方图数值越大,这也是图 4-4 出现上升趋势的原因。其他四个因子:不对称性、紧致度、长宽比以及矩形系数,其直方图的数值与因子值无关,可以看作是一类形状因子,为了方便讨论和比对,笔者将这些因子的直方图简图和经过上述讨论得出的建议直方图积分面积划分方法在表中列出,如表 4-7 所示。

表 4-7 第一列列出了各形状因子的名称,第二列是研究区域内各形状因子的直方图,第三列是这一节中讨论所得的按照直方图积分面积划分的最优编码方案,而第四列是对直方图的形状观察。从表 4-7 中可以看出:

表 4-7 不同形状因子直方图划分方法对照表

形状因子	直方图简图	划分值	直方图特点
Area 面积	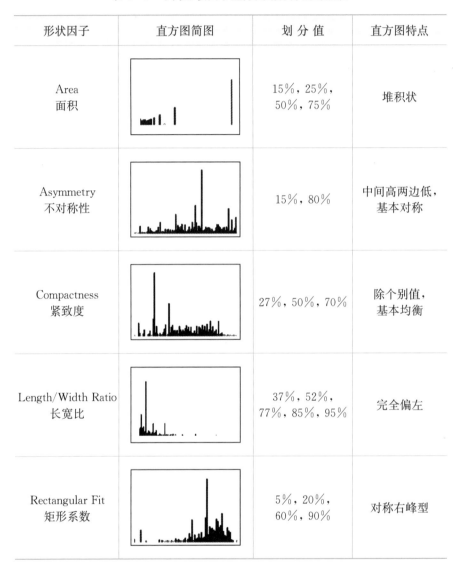	15%，25%，50%，75%	堆积状
Asymmetry 不对称性		15%，80%	中间高两边低，基本对称
Compactness 紧致度		27%，50%，70%	除个别值，基本均衡
Length/Width Ratio 长宽比		37%，52%，77%，85%，95%	完全偏左
Rectangular Fit 矩形系数		5%，20%，60%，90%	对称右峰型

（1）当直方图呈堆积形状时，最优的编码方案应该是按照固定编码长度对积分面积进行等分。

（2）当直方图中间高两边低呈中央对称形状时，最优编码方案应当是按照固定的编码长度，两头密集，中间稀疏（如不对称性，两头编码的面积间距为 15%和 20%,而中间编码间距为 55%)。

(3) 当直方图呈均匀分布时,最优编码方案也是按照固定编码长度对直方图积分面积进行等分(如紧致度,编码间距为 27%, 23%, 20%, 30%)。

(4) 当直方图呈左峰状分布,且直方图右侧基本为空时,最优编码方案应当是按照固定编码长度左边稀疏,右边密集(如长宽比,编码间距为37%, 15%, 25%, 8%, 10%, 5%)。

(5) 当直方图呈右峰状分布且分布较均匀时,最优编码方案应当是按照固定编码长度两头密集,中间左边密集,中间右边稀疏(如矩形系数,编码间距为 5%, 15%, 40%, 10%)。

经过以上(1)～(5)的分析,可以得出一个重要的结论:不对称性等这类的形状因子,二进制编码时应该在直方图密集的部分加大间距,而在直方图稀疏的地方减小积分间距,才可以更加有效地提取形状信息。而在使用二进制编码对形状因子进行信息表达时,了解了研究区域形状因子的直方图分布将帮助改进的二进制编码方法的准确性。

4.5　本　章　小　结

本章主要是对第 3 章内容研究的一些扩展和补充,对上一章节中遗留的一些问题做了更深一步的探讨。

(1) 研究了将概率引入改进二进制编码法的特征匹配方法。实现了目标编码和图像编码的最小距离匹配方法和最大概率匹配方法,提出了光谱、形状、高度等特征的概率模型,建立了整体概率的计算和权重设置。继而,论证了不同的归属概率算法及参数对分类精度的影响,得出了如下结论:形状和高度信息的加入,有效地提高了高光谱遥感分类的精度,但若过于强调形状的权重将降低分类的精度。

（2）定量研究了形状因子对高光谱遥感分类的影响，发现了长宽比、面积、紧致度、矩形系数、不对称性这五个参数是适宜于提取目标地物的重要的因子。

（3）根据选取的形状因子，研究了改进的二进制编码方法中的形状因子的编码规则和编码长度，提出了依据形状因子直方图分布形状和积分值的最优编码规则，提出了对于每个形状或区域因子，5位编码是在计算量和分类效率中取得较好平衡的编码长度，而不同形状因子的性质和直方图形状是决定最优编码原则的重要因素。

第3章和第4章构成了一个较为完整的机载激光雷达辅助的高光谱数据面向对象的二进制编码分类方法，这种方法将传统的基于像素的高光谱地物识别方法扩展到了基于对象的方法，并且与激光雷达数据的高程，以及从图像本身得出的形状信息集成，既减小了算法的计算量，又可以利用目前传感器高地面分辨率的特点来提升精度。

本书所使用的分类参考影像是笔者在德国汉诺威大学摄影测量与地理信息研究所的同事 Dipl.-Ing. Ulla Wissmann 和 Dipl.-Ing. Adelheid Elmhorst 根据她们多年制图的经验根据原始影像目视解译所得，其中无法确认的内容由长期居住和工作在德国宇航局 DLR，Oberpfaffenhofen 的 Prof. Dr.-Ing Manfred Schroeder 进行核实，在获取这样的参考数据之前，笔者一直很难对提出的方法的精度进行有效的评价。

这就引出了接下来下一章笔者需要讨论的内容：如果不存在这样的分类参考影像，或者存在其他的一些有用信息却无法作为分类参考的100％依据时（如分类参考影像的时相与当前数据不同，或者参考数据为文档、表格等数据），或者有大量数据需要进行精度检查和评价时，该如何检查数据的精度？ 这不仅仅是一个对遥感分类数据的精度评价问题，因为现实情况中存在百分之百的参考数据的概率，或者即使存在参考数据而对数据进行百分之百检查的概率,都是非常低的。在对空间数据进行质量检查的时候,往往是待检查的数据有一大堆,其他可以作为参考的不同数据和信息也为数不少,如何在现有参考数据和信息的基础上对空间数据的质量进行评价,将是笔者后面要讨论的内容。

第5章
遥感影像分类的多层空间抽样精度评价

5.1 概　　述

对于不同尺度的环境模型,从遥感数据中获取信息变得越来越重要。遥感专题信息一般以专题图的形式来表示,也可以是采样获取的统计数据。这些专题信息不可避免地包含着误差,如何尽可能地使误差最小化并告知用户这些信息的准确度是遥感专题信息研究的一个重要组成部分[138]。

遥感专题图提供了现实世界各种现象的三大基本特征:空间、时间和专题属性。空间特征是指空间地物的位置、形状和大小等几何特征,以及与相邻地物的空间关系。专题特征亦指空间现象或空间目标的属性特征,它是指除了时间和空间特征以外的空间现象的其他特征,如地形的坡度、波向、某地的年降雨量、土地酸碱度、土地覆盖类型、人口密度、交通流量、空气污染程度等。严格来说,遥感专题数据总是在某一特定时间或时间段内采集得到或计算得到的,因此空间数据也具有时间特征。空间数据是GIS的基础数据,用以描述空间实体的位置、形状、大小及各实体间的关系等。空间实体的位置一般用三维或二维坐标来表示。

　　遥感专题数据内容复杂、数据量大,具有多类、多源、多维、多尺度等特征,因此抽样方法是空间数据质量检查和评价过程中必不可少的方法之一。我国第一个抽样检查标准《逐批检查计数抽样程序及抽样表(适用于连续批的检查)》是电子部于 1978 年制定的,1987 年正式成为国家标准,即 GB/T 2828—87,最新版本是 GB/T 2828—2003[144]。近二十年来,我国的抽样理论和应用发展迅速,已制定了 22 项国家标准,形成了可用于独立个体和散料、计数和计量、连续批和孤立批的抽样检查标准体系。然而,由于空间数据与传统工业产品特性存在较大区别,如何将各类抽样方法以及现有的抽样标准体系与遥感专题数据质量评价进行结合,仍是目前需要解决的问题。

　　当前,空间抽样方法已被广泛用于生态环境监测领域,Budiman 等提出了一种变量四叉树算法,这种方法将某区域内的先验知识作为一种辅助的或者次要的环境信息考虑[110];Alfred 和 Christien 共同分析了抽样调查,最优格网划分和自适应采样的区别,并且描述了现代生态和环境调查领域最优化采样的不同方法[111]。生态监测的抽样和遥感专题数据质量调查的目的不尽相同,而目前在遥感专题数据质量检查方面的空间抽样策略研究还较少。为此,本书提出了一种基于多层空间抽样的空间数据质量抽样和评价方法,并结合本书的研究,以遥感影像分类结果为例,对多层空间抽样策略进行了实验验证。

5.2　多层空间抽样策略

　　抽样检查是一种非全面性的检查,它是指从研究对象的总体(全体)中抽取一部分单位作为样本,根据对所抽取的样本进行检查,获得有关总体目标量的了解。按照从总体抽取样本的方法来看,抽样可以分为非概率抽样(Judgmental Sampling)和概率抽样(Probability Sampling)两种,非概率抽样抽取样本的时候不是遵循随机的原则,并且不能从概率的意义上控制误差来保证推断的正确性,这对质量控制而言是不适用的。概率抽样也称随机抽样,它以随机的原则来抽取样本,每个单元被抽中的概率是已知的,用样本对总体目标进行估计的时候要考虑到样本的入样概率。它最主要的优点是,可以依据检查结果计算抽样误差,得到对总体目标量推断的可靠程度,后面所讨论的抽样方法,均指概率抽样。

在抽样检查中,把样本统计量作为目标量的估计量,估计值与总体指标值存在着差异,这些离差是客观存在的,而又无法预计的,只能从概率的角度来描述,把估计量分布的方差称为估计量方差,它从平均意义上描述了估计值与待估参数的差异状况,也是对抽样方案评价的标准之一,从这个意义上来说,比较两个抽样方案,估计量方差小的方案可以认为是更优的抽样方案。常用的抽样方法有简单随机抽样(Simple Random Sampling)、分层随机抽样(Stratified Random Sampling)和系统抽样(Semi-random Sampling,又称伪随机抽样)三种。

5.2.1 多层空间抽样的概念

本书提出的多层空间抽样方法包含以下三个层次的概念:

(1) 多层空间抽样的第一层次是从整个检查区域抽取遥感专题图,该影像或地图可以是遥感专题图的源数据采集(获取)的单位,比如一景卫星遥感影像,一个航带的航空影像等,也可以是以空间坐标为依据划分的检查单位,如 1 km×1 km 的区域等。在这一层里,简单随机抽样或者分层抽样是最常用的两种抽样方法,可以随机地在总体中抽取需要检查的区域,也可以先将总体区域根据一定的条件划分为不同的子总体,再从中进行随机抽样。这些条件可以是影像获取的时间段,数字地形图的成图方法,不同的数据生产单位,或者是任意可以用于划分子总体的数据特性,这些数据特性往往对数据产品的精度产生不同程度的影响。

（2）多层空间抽样的第二层次是根据数据本身的组织形式而划分的，如道路、建筑物、绿化带等专题层。在这个层次里的数据子总体往往是一层空间数据或者多层空间数据的组合。以土地利用/地面覆盖图为例，可以根据不同的利用类型的大类将专题图划分为不同的层，如工业用地、农业用地、居民用地等。在这一阶段，同一个层次内的地面目标都具有一些相近或相同的拓扑关系或属性性质。

（3）多层空间抽样的第三个层次是从层次 2 中选取检查的基本单元（遥感专题栅格数据可以以像素为基本单元），然后再对该基本单元进行检查，根据对数据的质量要求和参考数据进行判断和评价。在这一层次简单随机抽样、系统抽样、整群抽样都是可能使用的抽样方法。

图 5-1 是表示多层空间抽样概念的一个示例，在这里，笔者需要进行检查的是根据一批航空影像获取的分类数据，专题数据按照标准航空影像的分幅进行存储，整个区域内由三条航带所覆盖。覆盖该区域的同时还有相应的数字地形图，数字地形图由其他测图方法获取而得，可以认为是较为准确的参考数据，对于这样一个航空影像数据集，笔者对多层空间抽样检查的概念首先构建如下：

（1）由于同一航带内数字地形图测图的精度大致一致，因此笔者先根据不同航带覆盖的范围不同，将整个需要检查的区域根据三个航带划分为三个子总体，需要检查的专题图分别从三个子总体内各自抽取，这样能保证检查时能涵盖所有航带。需要注意的是，正如从图 5-1 可以看到的，考虑到空间数据的分布特性，有些区域内并没有有用的信息或者不是笔者所感兴趣的信息，如航带 3 的下半部信息，按照航片的分幅和检查区域的边界线，笔者可以确定，在整个区域包括的 5×8 也就是 40 幅航片中，有 15 幅可以认为对检查是无用图幅，因此在检查的时候，应将它们从总体中去除。

（2）从上述子总体中抽取了图幅之后，根据图幅内的内容的划分，笔者将整个专题图划分到房屋、交通、特征点、绿地这四个子总体,根据这四个子总体对航片的内容进行划分,并在划分后的子总体内开展抽样检查,保证每个感兴趣的检查内容都能被检查到。

(3) 在对图幅内容进行划分后,笔者再使用特定的抽样方法将图幅内容中需要检查的内容(像素位置等)进行抽取,然后再根据该像素的专题特征和参考数据比对进行质量检查。

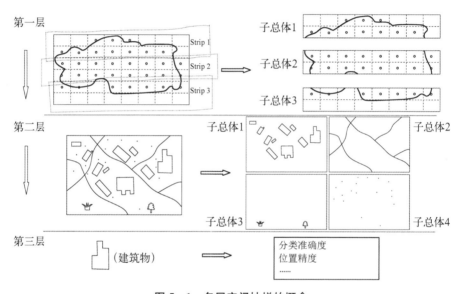

图 5-1 多层空间抽样的概念

5.2.2 多层空间抽样的流程

空间数据的多层空间抽样是一个自上而下的抽取的检查流程,以及一个自下而上的评价流程,整个流程可以分为两个步骤,第一步是从所有需要检查的空间数据中抽取需要检查的专题图,这一步可以称为幅间抽样〔sampling among the images(maps)〕;第二步是从专题中抽取需要检查的像素,这一步可以称为幅内抽样〔sampling in the image(map)〕。两个抽样步骤的区别主要在于总体和样本的定义的不同:在幅间抽样里,总体是需要检查的专题图的总数,样本的单位是专题图,进行质量评价时引入的质量指标是专题图合格率,根据不合格专题图数和相应的质量指标来判断是否接受该批专题图;在幅内抽样里,总体是一幅专题图内需要检查的像素数,样本的单位与总体的定义一致,进行质量评价时引入的质量指标是百单位产品不合格数,也就是错分百分率。根据平均每百单位产品不合格数和相应的质量指标来判是否接受该专题图,判断该专题图是否合格。

图5-2给出了一个完整的遥感专题数据多层空间抽样的流程,该方法遵循 ISO 相关标准所推行的步骤,使用了概率抽样的方法并考虑了空间数据的分布特征。整个图5-2从左至右分为三个部分,最左边的内容介绍当前流程所针对的对象,中间一栏介绍当前流程,最右一栏描述了当前流程需要使用的理论与方法,关于方法和理论的具体内容笔者将在下面的章节进行讨论。由于质量指标 AQL,接受数等本非本书的重点研究内容,其相关定义和研究可以参见 ISO 19113[180],ISO 19114[181], ISO 2859—1[143],GB/T 2828. 1—2003[144],DD 2006—07[182] 等现行国际和国家标准,文献[183][184]以及相关研究报告,本书在此不详细展开。

5.2.3　抽样技术

本节将讲述在多层空间抽样中所涉及的抽样技术,以及笔者选择这些抽样技术的理由和分析。

5.2.3.1　公式、符号和基本概念

抽样方法中常用的概念包括如下几类:

1. 总体

在概率抽样中,被观测的标志所组成的总体,总体的大小一般用 N 来表示。

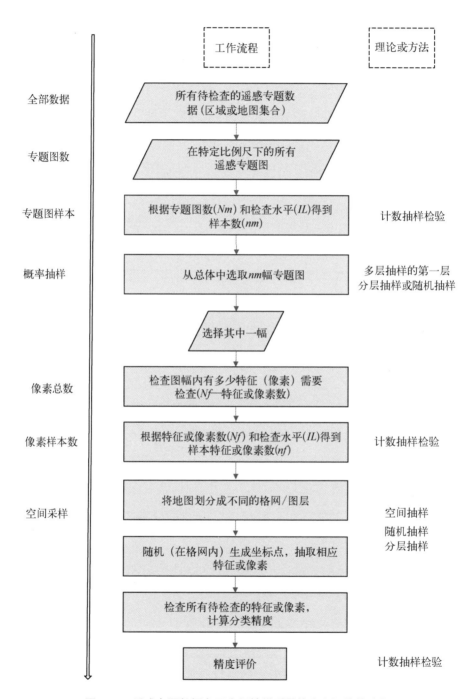

图 5-2 遥感专题数据多层空间抽样质量检查和评价的流程

2. 样本

对有限总体进行了 n 次随机试验，便可写出 n 个随机变量：y_1，y_2，$\cdots$，y_n，把这 n 个随机变量叫做"容量为 n 的概率样本"。

3. 样本统计量

概率样本 $(y_1, y_2, \cdots, y_n)$ 的函数 $T = f(y_1, y_2, \cdots, y_n)$ 叫做样本统计量。如 $T = \sum\limits_{i=1}^{n} y_i$，$T = \dfrac{1}{n} \sum\limits_{i=1}^{n} y_i \triangleq \bar{y}$，$T = \dfrac{1}{n-1} \sum\limits_{i=1}^{n} (y_i - \bar{y})^2 \triangleq s^2$ 等，都是样本统计量。样本统计量简称统计量。

4. 估计量

用适当的样本统计量作为对有限总体指标的估计，这样的样本统计量叫做估计量。用样本值计算得到的估计量的具体数值叫估计值。一个估计量其实就是某一个样本统计量。所以，它也是随机变量。它的分布、数学期望、方差与相应的样本统计量相同。

5. 估计量的偏倚情况

估计量是否有偏倚，是看估计量的数学期望是否等于被估计的总体指标。如果二者相等，称估计量是被估计的总体指标的无偏估计量；如果二者不相等，称估计量是被估计的总体指标的有偏估计量。估计量的数学期望与被估计的总体指标真值之差称作偏差。无偏估计量的偏差是 0，有偏估计量的偏差不是 0。构造样本统计量作为 $\bar{Y}$ 的估计量。$\bar{Y}$ 的估计量写作 $\hat{\bar{Y}}$。假若用样本均值 $\bar{y}$（统计量）来充当估计量 $\hat{\bar{Y}}$，那就是

$$\hat{\bar{Y}} = \bar{y} = \frac{1}{n} \sum_{i=1}^{n} y_i \tag{5-1}$$

6. 估计量的精度

估计量的精度是指在反复进行的抽样中所有可能产生的估计值散布的集中或分散程度。这些估计值散布得越集中，我们说估计量的精度越

高。显然,估计量的精度要用估计量的方差来描述。

用估计量 $\hat{\bar{Y}}$ 为代表,写出估计量的方差的定义

$$V(\hat{\bar{Y}}) = E[\hat{\bar{Y}} - E(\hat{\bar{Y}})]^2 \qquad (5-2)$$

方差的平方根叫估计量的标准误差,记作 $O(\hat{\bar{Y}})$。

在抽样实践中,对于每一个估计量,都应在算出估计值的同时,把它的方差也算出来。因为,方差说明了估计值的数据质量。估计量的方差小(精度高),说明所有可能出现的估计值散布很集中;反之,如果估计量的方差大(精度低),说明可能出现的各个估计值散布很分散。显然,前者估计值数据可信度高,后者估计值数据可信度低。计算估计量的方差还有另外一个理由。

7. 估计量的准确度

估计量的准确度与它的偏差有关。用估计量的均方误差(MSE)来描述估计量的准确度。估计量的均方误差定义为

$$MSE(\hat{\bar{Y}}) = E(\hat{\bar{Y}} - \bar{Y})^2 \qquad (5-3)$$

均方误差恰好可以分解成估计值的散布状况(用估计量的方差描述)和估计量的偏差两部分

$$MSE(\hat{\bar{Y}}) = (\hat{\bar{Y}} \text{ 的方差}) + (\text{偏差})^2 \qquad (5-4)$$

均方误差的平方根叫均方根误差。

本节公式众多,为了便于理解和阅读,笔者先将抽样中常用的符号进行统一解释。通常用大写符号表示总体单元的标志值,用小写符号表示样本单元的标志值。总体中 N 个单元的标志值为 $Y_1, Y_2, \cdots, Y_N$,样本中 n 个单元的标志值为 $y_1, y_2, \cdots, y_n$。检查的目的是了解总体某个标志的性质,我们称之为总体目标量(或总体指标),主要有:总体总量 Y,总体均值 $\bar{Y}$,总体中具有某种特征的单元数占总体的比例 P,两个总体总量或两个总

体均值的比率 R 等指标。这些指标的表示以及在对估计精度进行推算的时候涉及的总体方差样本方差等指标如表 5-1 所示。

表 5-1　符号表

总　体	样　本
$Y = \sum\limits_{i=1}^{N} Y_i = Y_1 + Y_2 + \cdots + Y_N$	$y = \sum\limits_{i=1}^{n} y_i = y_1 + y_2 + \cdots + y_n$
$\bar{Y} = \dfrac{1}{N} \sum\limits_{i=1}^{N} Y_i = \dfrac{Y_1 + Y_2 + \cdots + Y_N}{N}$	$\bar{y} = \dfrac{1}{n} \sum\limits_{i=1}^{n} y_i = \dfrac{y_1 + y_2 + \cdots + y_n}{n}$
$P = \dfrac{A}{N} = \dfrac{1}{N} \sum\limits_{i=1}^{N} Y_i \ (Y_i = 0 \text{ 或 } 1)$	$p = \dfrac{a}{n} = \dfrac{1}{n} \sum\limits_{i=1}^{n} y_i \ (y_i = 0 \text{ 或 } 1)$
$R = \dfrac{\sum\limits_{i=1}^{N} Y_i}{\sum\limits_{i=1}^{N} X_i} = \dfrac{Y}{X} = \dfrac{\bar{Y}}{\bar{X}}$	$\hat{R} = \dfrac{\sum\limits_{i=1}^{n} y_i}{\sum\limits_{i=1}^{n} x_i} = \dfrac{\bar{y}}{\bar{x}}$
$S^2 = \dfrac{1}{N-1} \sum\limits_{i=1}^{N} (Y_i - \bar{Y})^2 = \dfrac{N}{N-1} \sigma^2$	$s^2 = \dfrac{1}{n-1} \sum\limits_{i=1}^{n} (y_i - y)^2$

5.2.3.2　使用到的抽样方法

如 5.2.1 节与图 5-2 中所述,各层次的抽样方法主要包括简单随机抽样、分层随机抽样、系统抽样和整群抽样这四种概率抽样方法,并且在具体进行采样的时候要充分考虑数据的空间分布特性采用空间抽样。在抽样检查中,常用的概念包括如下几种。

1. 简单随机抽样

简单随机抽样也称单纯随机抽样。从含有 N 个单元的总体中抽取 n 个单元组成样本,一般采用的都为不放回简单随机抽样。

(1) 估计量

总体均值 $\bar{Y}$ 的无偏估计为:

$$\bar{y} = \frac{1}{n} \sum_{i=1}^{n} y_i \qquad (5-5)$$

估计量方差 $V(\bar{y})$ 的无偏估计为：

$$v(\bar{y}) = \frac{N-n}{Nn} s^2 = \frac{1-f}{n} s^2 \qquad (5-6)$$

式中，$f = \dfrac{n}{N}$ 为抽样比，$s^2 = \dfrac{1}{n-1} \sum\limits_{i=1}^{n} (y_i - \bar{y})^2$ 为样本方差。

估计量的方差 $V(\bar{y})$ 是衡量估计量精度的度量，可以看出，在简单随机抽样的条件下，要提高估计量的精度就只有通过加大样本量来实现。

（2）样本量的确定

对精度的要求一般以绝对误差限 d 或相对误差限 r 来表示，误差限是在保证一定概率意义下绝对误差或相对误差，即对参数 θ 及它的估计值 $\hat{\theta}$，以绝对误差限表示，有：

$$P(|\hat{\theta} - \theta| \leqslant d) = 1 - \alpha \qquad (5-7)$$

或以相对误差限表示，有：

$$P\left\{ \frac{|\hat{\theta} - \theta|}{\theta} \leqslant r \right\} = 1 - \alpha \qquad (5-8)$$

当样本量足够大时，用正态分布近似 $\hat{\theta}$ 的分布，这时，绝对误差限为：

$$d = t\sqrt{V(\hat{\theta})} = tS(\hat{\theta}) \qquad (5-9)$$

式中，t 为标准正态分布的双侧 α 分位数，如 $1-\alpha=95\%$，对应的 $t=1.96$ 等，而相对误差限

$$r = t\frac{\sqrt{V(\hat{\theta})}}{\theta} = t\frac{S(\hat{\theta})}{\theta} = tCv(\hat{\theta}) \qquad (5-10)$$

式中，$Cv(\hat{\theta})$ 为 $\hat{\theta}$ 的变异系数。

在简单随机抽样简单估计的情形下,根据 $\bar{y}$ 的方差式 $V(\bar{y}) = \dfrac{1-f}{n}S^2$,代入

$$d = tS(\bar{y}) = t\sqrt{V(\bar{y})} = t\sqrt{\dfrac{N-n}{Nn}S^2} \qquad (5-11)$$

或

$$r = tCv(\bar{y}) = t\dfrac{\sqrt{V(\bar{y})}}{\bar{Y}} = \dfrac{t}{\bar{Y}}\sqrt{\dfrac{N-n}{Nn}S^2} \qquad (5-12)$$

得到 $n = \dfrac{Nt^2 S^2}{Nd^2 + t^2 S^2}$ 或 $n = \dfrac{Nt^2 S^2}{Nr^2 \bar{Y}^2 + t^2 S^2}$。

在实际工作中,常计算 $n_0 = \dfrac{t^2 S^2}{d^2}$ 或 $n_0 = \dfrac{t^2 S^2}{r^2 \bar{Y}^2}$,然后取样本量 $n = \dfrac{n_0}{1 + \dfrac{n_0}{N}}$。

2. 分层随机抽样

在抽样之前,先将总体 N 个单元划分为 L 个互不重复的子总体,每个子总体称为层,它们的大小分别为 N_1,N_2,$\cdots$,N_L,这 L 个层合起来就是整个总体 $\left(N = \sum\limits_{h=1}^{L} N_h\right)$,然后在每个层里分别独立地进行抽样,这种抽样就是分层抽样。如果每层都是简单随机抽样,就称为分层随机抽样,得到的样本为分层随机样本。

(1) 估计量

对于总体均值 $\bar{Y}$ 的估计是通过对各层的均值 $\left(\bar{Y}_h = \dfrac{1}{N}\sum\limits_{i=1}^{N_h} Y_{hi}\right)$ 的估计,按照层权 $\left(W_h = \dfrac{N_h}{N}\right)$ 加权平均得到的,估值为:

$$\bar{y}_{\mathrm{st}} = \sum_{h=1}^{L} W_h \bar{y}_h = \frac{1}{N} \sum_{h=1}^{L} N_h \bar{y}_h \tag{5-13}$$

估计量方差 $V(\bar{y})$ 的估值为:

$$v(\bar{y}_{\mathrm{st}}) = \sum_{h=1}^{L} W_h^2 v(\bar{y}_h) = \sum_{h=1}^{L} W_h^2 \frac{1-f_h}{n_h} s_h^2 \tag{5-14}$$

式中, n_h 为 h 层的样本单元数, $f_h = \dfrac{n_h}{N_h}$ 为 h 层的抽样比, $s_h^2 = \dfrac{1}{n_h-1} \sum_{i=1}^{n_h}$

$(y_{hi} - \bar{y}_h)^2$。

(2) 样本量的确定

对于分层抽样,当总的样本量一定时,还涉及各层应该分配多少样本量的问题。

① 按比例分配:按照各层单元数占总体单元数的比例进行分配,也就是按照层权进行分配,这时候分层抽样的样本量及分层样本量的一般公式为:

$$n = \frac{\sum W_h S_h^2}{V + \dfrac{\sum W_h S_h^2}{N}}, \ \omega_h = W_h = \frac{N_h}{N}, \ n_h = n \cdot \omega_h \tag{5-15}$$

② Neyman 分配:在总费用给定的条件下使估计量方差达到最小,或在给定方差的条件下使总费用最小,且认为各层抽样的费用相同时,计算样本量以及各层的分配公式为:

$$n = \frac{\left(\sum W_h S_h\right)^2}{V + \dfrac{\sum W_h S_h^2}{N}}, \ \omega_h = \frac{W_h S_h}{\sum W_h S_h}, \ n_h = n \cdot \omega_h \tag{5-16}$$

如果方差 V 没有给定,估计精度以误差限的形式给出,则 $V =$

$$\left(\frac{d}{t}\right)^2 = \left(\frac{r\overline{Y}}{t}\right)^2 \text{。}$$

3. 系统抽样

系统抽样是将 N 个总体单元按一定的顺序排列,先随机抽取一个单元为样本的第一个单元,即起始单元,然后按照某种确定的规则抽取其他样本单元的一种抽样方法,有时也被称为伪随机抽样。

系统抽样的一般方法有直线等距抽样、循环等距抽样、不等概系统抽样等。对于一般采取的等距抽样,有:

（1）估计量

总体均值 $\overline{Y}$ 的估计量为 $\overline{y}_{\text{sy}} = \overline{y}_r = \dfrac{1}{n}\sum_{j=1}^{n} y_{rj}$,其中 $y_{rj} = y_{(j-1)k+r}$,k 为抽样间距。

由于系统抽样的特殊性,总体方差有多种表达形式,其中,用样本（群）内方差 S_{wsy}^2 的表示法为:

$$V(\overline{y}_{\text{sy}}) = \frac{(N-1)}{N}S^2 - \frac{k(n-1)}{N}S_{\text{wsy}}^2 \qquad (5-17)$$

式中,$S^2 = \dfrac{1}{N-1}\sum_{r=1}^{k}\sum_{j=1}^{n}(y_{rj}-\overline{Y})^2$ 为总体方差,$S_{\text{wsy}}^2 = \dfrac{1}{k(n-1)}\sum_{r=1}^{k}\sum_{j=1}^{n}(y_{rj}-\overline{y}_r)^2$ 为样本（群）内方差。

（2）样本量的确定

确定了方差 V 后,或者 $V = \left(\dfrac{d}{t}\right)^2 = \left(\dfrac{r\overline{Y}}{t}\right)^2$,同样有:$n = \dfrac{S^2}{V + \dfrac{S^2}{N}}$。

4. 整群抽样

整群抽样（Cluster Sampling）是将整体划分为若干群,然后以群

(cluster)为抽样单元,从总体中随机抽取一部分群,对中选群中的所有基本单元进行调查的一种抽样方法。整群抽样实施变量,节省费用,但其主要弱点是通常情况下误差较大,但是对于某些特殊结构的总体,即总体中各个群的结构相似的总体,整群抽样反而具有较高的精度。

(1) 估计量

若采用整群抽样,群的抽取是随机的,且群的大小相同,皆等于 M,则对总体均值 $\bar{\bar{Y}}$ 的估计为:

$$\bar{\bar{y}} = \sum_{i=1}^{n} \sum_{j=1}^{M} \frac{y_{ij}}{nM} = \frac{1}{n} \sum_{i=1}^{n} \bar{y}_i \qquad (5-18)$$

估计量方差的估值为:

$$v(\bar{\bar{y}}) = \frac{1-f}{nM} s_{\mathrm{b}}^2 \qquad (5-19)$$

式中,样本群间方差 $s_{\mathrm{b}}^2 = \dfrac{1}{nM-1} \sum\limits_{i=1}^{n} (\bar{y}_i - \bar{\bar{y}})^2$,$\bar{y}$ 为样本中的群均值,$\bar{\bar{y}}$ 为样本中的个体均值,n 为样本群数。

(2) 抽样效率分析

当总体划分为群之后,总体方差可以分解为群间方差和群内方差两个部分,这两个部分是此消彼长的关系。由于整群抽样是对入选群中的所有单元都进行调查,因此影响整群抽样误差大小的主要是群间方差。为了提高整群抽样估计的精度,划分群时应使同一群内各单元的差异尽可能大,这个原则和分层抽样中划分层的原则正好相反。

5.2.3.3 选择抽样方法的原因分析

从上面的内容可以看出,抽样的精度主要由样本量大小和样本估计量方差的大小而决定,而在参考 ISO 等国家标准的基础上,样本量大小在一定质量要求和检查水平下是固定的[143-144]，而在样本量保持不变的基础上提高抽样精度的方法只有降低样本估计量方差的大小[185]。

对于简单随机抽样，从式(5-6)可得简单随机抽样估计量方差 $V(\bar{y})$ 的无偏估计为：

$$v(\bar{y}) = \frac{N-n}{Nn(n-1)} \sum_{i=1}^{n} (y_i - \bar{y})^2 = \frac{1-f}{n} s^2 \qquad (5-20)$$

式中，$f = \dfrac{n}{N}$ 为抽样比，$s^2 = \dfrac{1}{n-1} \sum_{i=1}^{n} (y_i - \bar{y})^2$ 为样本方差，其中样本方差为总体方差的无偏估计，因此可以看出降低简单随机抽样估计量方差的唯一方法是增大样本量。

对于分层随机抽样，从式(5-14)可得分层随机抽样估计量方差 $V(\bar{y})$ 的无偏估计为：

$$v(\bar{y}_{\mathrm{st}}) = \sum_{h=1}^{L} W_h^2 v(\bar{y}_h) = \sum_{h=1}^{L} W_h^2 \frac{1-f_h}{n_h} s_h^2 \qquad (5-21)$$

式中，n_h 为 h 层的样本单元数，$f_h = \dfrac{n_h}{N_h}$ 为 h 层的抽样比，$s_h^2 = \dfrac{1}{n_h-1}$ $\sum_{i=1}^{n_h} (y_{hi} - \bar{y}_h)^2$。

分层抽样的方差只和层内方差有关，和层间方差无关，因此可以通过总体分层，尽可能降低层内差异，使层间差异增大，从而提高抽样的精度。一般而言，只要不出现不合理的划分层的情况，分层抽样的精度要高于简单随机抽样，也就是说分层抽样估计量的方差要比简单随机抽样小。根据其他辅助数据等提供的与数据相关的先验知识若能帮助我们对需要检查的空间数据进行划分层，则可以降低估计量的方差，从而在样本量不变的基础上提高抽样调查的精度，提高估计的准确度。

系统抽样的方差表示比较复杂，一般采取系统抽样的原因是为了抽样调查的便捷性,本研究中采用的一种空间格网随机采样的方法可以归类为系统抽样方法的一种。

从式(5-19)我们可以看到整群抽样估计量方差的估值由样本群间方差 $s_b^2 = \dfrac{1}{nM-1} \sum\limits_{i=1}^{n} (\bar{y}_i - \bar{\bar{y}})^2$ 来确定。

为了提高整群抽样估计的精度,划分群时应使同一群内各单元的差异尽可能大,如果是各个群的结构相似的总体,整群抽样反而具有较高的精度。因此整群抽样主要用于空间数据属性表的抽样检查,在数据库中每个图元都具有类似或相近的空间属性表结构,在对其进行抽样检查的时候,抽取图元并对图元的所有属性进行检查,可以有效地提高整群抽样估计的精度,与分层抽样一样,也可以做到在样本量不变的情况下,降低估计量方差,提高抽样的精度。

5.3 遥感影像分类数据多层空间抽样方案设计

5.3.1 数据情况介绍

某单位于 2008 年度需要检查的遥感土地利用分类专题栅格影像产品共 545 幅,分别由四家生产单位甲、乙、丙、丁生产,遥感影像数据源分别为 TM、SPOT 和 CBERS 这三种影像,获取时间分别为 2006 年 7—8 月以及 2007 年 7—8 月,由于不同影像一景的尺寸不一致且分辨率不同,因此土地利用分类产品统一分幅为 500×400 像素,分辨率重采样为 20 m× 20 m。数据概要情况如表 5-2 所示。

整个土地利用分类栅格产品的检查要求是:能尽量准确地了解整个区域的分类准确程度,能对各个生产单位的工作情况做大致评价,同时能掌握不同遥感数据源所得的土地利用分类栅格产品的分类精度情况。

表 5 – 2　某单位 2008 年度待检查遥感土地利用专题产品概要表

数据名称	土地利用分类栅格数据			检查年份		2008
图幅总数	545		大小	500pixel×400pixel	分辨率	20 m×20 m
数据源获取时间	2006 年 7—8 月			2007 年 7—8 月		合计
数据源传感器类型	TM	SPOT	CBERS	TM	SPOT	CBERS
甲单位	15	36	17	10	42	0	120
乙单位	32	5	0	44	10	5	96
丙单位	36	25	17	20	60	23	181
丁单位	25	9	37	19	4	54	148
合　计	108	75	71	93	116	82	545

5.3.2　抽样设计

根据检查要求和数据情况可知,虽然不同遥感数据源获取的影像所覆盖的面积不同,但经过了重新分幅和重采样后的土地利用分类产品分辨率和大小均一致,因此在进行抽样设计时不需考虑到不同影像覆盖的面积,直接以图幅为单位即可,这里需要进行检查的土地利用分类栅格图像共545 幅,即 $N=545$。根据 ISO 2859—1,按照 Ⅱ 级检查水平,可以得知需要检查的图幅为 80 幅,即 $n=80$。

1. 第一级分层

第一级分层按照三个生产单位来分别构建,从表 5 – 2 可以获悉,单位甲需检查的图幅为 120 幅,即 $N_甲=120$。单位乙需检查的图幅为 96 幅,即 $N_乙=96$。单位丙需要检查的图幅为 181 幅,即 $N_丙=181$。单位丁需要检查的图幅为 148 幅,即 $N_丁=148$。由于检查不同生产单位的图幅在抽样成本上不存在区别,因此可以采用按比例分配样本量的方法,根据式(5 – 15)可以计算:

单位甲(乙、丙、丁)需要抽取的图幅＝待检查图幅数×单位甲(乙、丙、丁)待检查图幅/待检查图幅总数,即 $n_{甲(乙、丙、丁)}=n\times N_{甲(乙、丙、丁)}/N$,分别计算为

$$n_{甲}=80\times120/545\approx18$$

$$n_{乙}=80\times96/545\approx14$$

$$n_{丙}=80\times181/545\approx27$$

$$n_{丁}=80\times148/545\approx22$$

由于 $n_{甲}+n_{乙}+n_{丙}+n_{丁}=81>n$,为此将最大的 $n_{丙}$ 减1,即 $n_{丙}=26$。

2. 第二级分层

由于从同一时间和同一传感器获取的分类数据的精度更为相近,因此第二级分层按照不同的传感器和数据获取时间来划分,若以 a,b,c 分别表示 TM,SPOT,CBERS 这三种传感器,以序号1,2分别表示2006年和2007年这两个年份。按照比例分配样本量可以计算:

单位甲(乙、丙、丁)使用 $a(b,c)$ 传感器在1(2)年份获取的土地利用分类栅格数据需抽取的图幅＝单位甲(乙、丙、丁)待抽取图幅数×单位甲(乙、丙、丁)使用 $a(b,c)$ 传感器在1(2)年份获取的土地利用分类栅格数据图幅数/单位甲(乙、丙、丁)获取的图幅数,即 $n_{甲(乙、丙、丁)a(b,c)1(2)}=n_{甲(乙、丙、丁)}\times N_{甲(乙、丙、丁)a(b,c)1(2)}/N_{甲(乙、丙、丁)}$,分别计算为

$$n_{甲a1}=18\times15/120\approx2$$

$$n_{甲b1}=18\times36/120\approx5$$

$$n_{甲c1}=18\times17/120\approx3$$

$$n_{甲a2}=18\times10/120\approx2$$

$$n_{甲b2}=18\times42/120\approx6$$

$$n_{甲c2}=18\times0/120\approx0$$

这里 $n_{甲a1} + n_{甲b1} + n_{甲c1} + n_{甲a2} + n_{甲b2} + n_{甲c2} = 18 = n_{甲}$。

$$n_{乙a1} = 14 \times 32/96 \approx 5$$

$$n_{乙b1} = 14 \times 5/96 \approx 1$$

$$n_{乙c1} = 14 \times 0/96 \approx 0$$

$$n_{乙a2} = 14 \times 44/96 \approx 6$$

$$n_{乙b2} = 14 \times 10/96 \approx 1$$

$$n_{乙c2} = 14 \times 5/96 \approx 1$$

这里 $n_{乙a1} + n_{乙b1} + n_{乙c1} + n_{乙a2} + n_{乙b2} + n_{乙c2} = 14 = n_{乙}$。

$$n_{丙a1} = 27 \times 36/181 \approx 5$$

$$n_{丙b1} = 27 \times 25/181 \approx 4$$

$$n_{丙c1} = 27 \times 17/181 \approx 3$$

$$n_{丙a2} = 27 \times 20/181 \approx 3$$

$$n_{丙b2} = 27 \times 60/181 \approx 9$$

$$n_{丙c2} = 27 \times 23/181 \approx 3$$

这里 $n_{丙a1} + n_{丙b1} + n_{丙c1} + n_{丙a2} + n_{丙b2} + n_{丙c2} = 27 = n_{丙}$。

$$n_{丁a1} = 22 \times 29/148 \approx 4$$

$$n_{丁b1} = 22 \times 5/148 \approx 1$$

$$n_{丁c1} = 22 \times 37/148 \approx 6$$

$$n_{丁a2} = 22 \times 19/148 \approx 3$$

$$n_{丁b2} = 22 \times 5/148 \approx 1$$

$$n_{丁c2} = 22 \times 54/148 \approx 8$$

这里 $n_{丁a1} + n_{丁b1} + n_{丁c1} + n_{丁a2} + n_{丁b2} + n_{丁c2} = 23 > n_{丁}$。为此将最大的 $n_{丁c2}$ 减 1，即 $n_{丁c2} = 7$。

3. 第三级分层

第三级分层实际上指的是图幅内数据的抽样检查方法,这里可以使用简单随机抽样方法在图幅内进行坐标随机抽取;也可以使用空间格网抽样,先将图幅划分成规定的格网大小,然后在各格网内进行随机抽取像素;还可以根据土里利用的类型先进行分层,然后在各层内进行随机抽取。抽样的精度情况为:随机抽取≤空间格网抽样≤分层抽样。具体的做法将在下面 5.4 节中的实验里进行详细讨论和分析。

5.3.3 分析和讨论

在本节中,笔者讨论了在进行抽样检查时的分层抽样策略和实际抽样方案设计,虽然在进行层数划分时存在区别,但整体来说抽样方案设计的指导思路是相同的,就是根据已有的信息,在样本量不变的前提下,使样本的组成结构尽可能地表示总体的组成结构,也就是尽量降低估计量的方差。如 5.3.2 节里提出的抽样方案设计并不是唯一方案,根据检查的需要和侧重点的不同可以进行调整,如上两节内容中笔者都是按照比例分配样本,并未考虑权重等其他因素,而如 5.3.2 节中的第二级分层是将数据源和数据获取年份一起进行考虑的,这里亦可增加一级分层,首先根据数据获取年份或数据源进行分级等。

数据分层抽样与抽样精度的关系在某种程度上同样本量与分层精度的关系相似,正确的细化分层可以增加抽样的精度,增加样本量也可以增加抽样的精度,但在设计抽样方案的时候还需要综合考虑成本,分层抽样中考虑到层数的划分的时候,如果将样本总体划分为 K 层时,估计量的方差可以用模型表示为 $R^2/K^2+(1-R^2)$,其中 R^2 是方差中受层数影响的部分,$1-R^2$ 是不受层数影响的部分,因此,当层数增加到一定的时候,在精度上的收益将非常小[185]。因此在进行抽样方案设计时要考虑到层数的数量不宜过大,若数据存在自然分层(类)的情况,则可以将其中相似的层(类)进行合并。

5.4　实验与分析

在上一节中,笔者为空间数据的质量评价提出了一种遥感专题图质量评价的多层空间抽样策略,并从统计理论的角度出发对该抽样策略进行了论证,并根据所提出的多层空间抽样流程,设计了相应的抽样方案,但是由于整个质量检查工作十分庞大,笔者并没有提供具体的实验用以验证整个多层空间抽样策略的优越性。为了对这一部分进行补充,笔者在本章将以本书第 3 章和第 4 章的分类实验结果为例进行抽样方案实验,用以验证不同的抽样方法对抽样精度的改进,从另一个角度对多层空间抽样策略理论进行论证。

为此,本节选取了在第 3 章中分别采用本书提出的分类方法、二值编码法和平行六面体法得出的三组精度不同的专题分类数据。由于整个研究区域过于不规则,为了验证不同的抽样方法,笔者选取了其中一块 250×375 像素大小,覆盖面积为 1.5 km^2 的区域进行接下来的分析。原始地区 HyMAP 影像以及分类栅格图如图 5 - 3 所示。其中图 5 - 3(a)是试验区域的假彩色合成影像,主要地物有道路、树木、建筑物、草地、耕地等。图 5 - 3(b)是试验区域的分类参考数据,可以作为分类精度评价的依据。根据图 5 - 3(b)所示,该研究区域内共有 11 种地物,分别为停车场或仓储区、水泥地表、街道、机场跑道、网球场、居民地、树木、工业建筑、工业用地、耕地和草地。其中耕地有四种不同类型,草地有三种不同类型。图 5 - 3(c),(d),(e)分别是分类精度不同的三组数据 A,B,C,作为空间抽样的实验对象,不同的分类精度代表着不同总体的方差大小,可以更准确地反映抽样的精度情况。

首先笔者将根据参考分类图对这三种分类结果进行精度评价,得出每

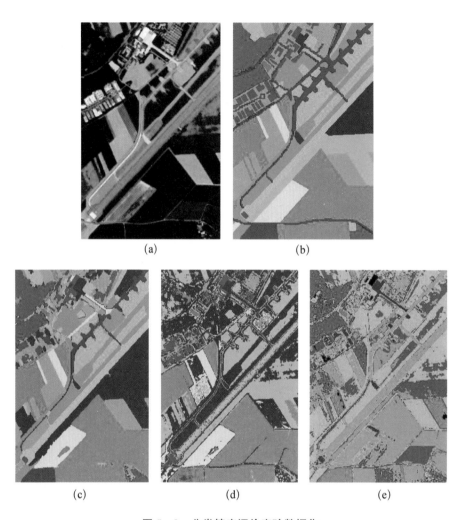

(a)   (b)

(c)   (d)   (e)

图 5 - 3   分类精度评价实验数据集

一类分类的精度,然后使用三种空间抽样方法对影像进行评价,采样数均为 500 像素。这三种方法分别为:整个图幅范围内的简单随机抽样,根据空间格网与随机抽样结合的空间格网随机采样,以及根据分类类别的分层随机抽样。

5.4.1　原始分类精度

根据图 5－3(b)，笔者首先对分类影像图 5－3(c)，(d)，(e)分别进行了精度检查和评价，整个区域内的分类精度、Kappa 系数、各类别的使用者精度和生产者精度等详细情况如表 5－3 所示，第二行列出了根据参考数据所得来的整体分类精度，该精度可以作为评价分类准确度的依据，第三行列

表 5－3　待评价数据精度情况表

		数据 A		数据 B		数据 C	
整体分类精度		72.75%		47.45%		10.25%	
Kappa 系数		0.6922		0.4104		0.0696	
各类别分类精度	类　别	使用者	生产者	使用者	生产者	使用者	生产者
	停车场	55.43%	85.50%	12.48%	72.72%	4.37%	77.77%
	水泥地	32.65%	80.82%	19.58%	68.20%	28.88%	69.51%
	街　道	83.64%	32.06%	95.38%	0.82%	31.27%	8.34%
	机场跑道	88.79%	95.47%	99.72%	65.10%	NaN	0.00%
	网球场	87.94%	72.94%	98.33%	69.41%	95.16%	69.41%
	居民地	4.62%	9.85%	7.69%	4.48%	0.43%	36.53%
	树　木	88.33%	83.13%	NaN	0.00%	62.06%	75.00%
	工业建筑	65.07%	44.65%	45.50%	59.13%	3.60%	18.70%
	工业用地	42.67%	36.34%	20.80%	3.80%	1.30%	5.78%
	耕地 1	80.83%	85.66%	56.82%	87.45%	NaN	0.00%
	耕地 2	72.15%	80.27%	100.00%	6.45%	0.00%	0.00%
	耕地 3	89.95%	97.06%	86.81%	91.05%	26.98%	5.02%
	耕地 4	97.94%	95.76%	100.00%	14.25%	100.00%	0.07%
	草地 1	82.36%	50.09%	68.06%	75.56%	NaN	0.00%
	草地 2	29.07%	96.01%	8.54%	64.32%	NaN	0.00%
	草地 3	81.08%	72.12%	94.99%	2.93%	NaN	0.00%

出了分类的 Kappa 系数大小,该系数介于 −1 到 1 之间,值越大,分类的准确性越高,也是评价分类精度的重要参数。此外,为了衡量不同抽样方法精度评价的准确性,表 5-3 还列出了各分类类别的使用者和生产者精度作为参考。从表 5-3 可以看出,这三类数据的分类精度区别较大,分别为 72.75%,47.45% 和 10.25%,分别对其进行评价实验能够较全面地检验抽样的精度。

5.4.2　简单随机抽样

简单随机抽样就是随机在图内抽取像素进行检查,这里笔者根据需要检查的区域大小,随机生成了 3 组检查数据,每组数据含 500 个点,每个点的坐标由一对随机数组成。然后用这三组检查数据对上述数据 A,B,C 分别进行了三次质量评价。对数据 A 评价的结果以及数据的原始精度情况如表 5-4 所示。

表 5-4　数据 A 精度评价(简单随机抽样方法)

评价数据		A						
抽样方法		简单随机抽样		样本数		500		
参考数据集		整幅参考影像		第一组样本		第二组样本		第三组样本
整体分类精度/%		72.75		72.80		76.20		75.60
Kappa 系数		0.692 2		0.693 6		0.730 3		0.721 2
	类　别	使用者	生产者	使用者	生产者	使用者	生产者	使用者	生产者
各类别分类精度/%	停车场	55.43	85.50	50.00	100.00	66.67	66.67	44.44	100.00
	水泥地	32.65	80.82	22.22	100.00	14.28	50.00	20.00	50.00
	街　道	83.64	32.06	90.00	40.91	84.62	44.00	88.89	25.00
	机场跑道	88.79	95.47	94.44	89.47	89.47	100.00	90.00	90.00
	网球场	87.94	72.94	100.00	50.00	75.00	100.00	NaN	NaN
	居民地	4.62	9.85	25.00	100.00	0.00	0.00	0.00	0.00

	类　别	使用者	生产者	使用者	生产者	使用者	生产者	使用者	生产者
各类别分类精度/%	树　木	88.33	83.13	85.36	79.55	88.89	85.11	93.18	85.42
	工业建筑	65.07	44.65	87.50	36.84	100.00	33.33	87.50	46.67
	工业用地	42.67	36.34	52.63	33.33	43.75	41.18	36.36	38.10
	耕地 1	80.83	85.66	82.14	95.83	83.33	93.75	90.47	90.48
	耕地 2	72.15	80.27	71.79	84.85	78.57	86.84	67.35	82.50
	耕地 3	89.95	97.06	91.45	96.40	87.29	96.26	90.22	95.24
	耕地 4	97.94	95.76	100.00	83.33	87.50	100.00	100.00	100.00
	草地 1	82.36	50.09	80.64	54.94	86.67	61.18	84.31	57.33
	草地 2	29.07	96.01	32.88	96.00	39.39	96.30	36.51	95.83
	草地 3	81.08	72.12	69.05	69.05	87.50	72.06	83.02	0.00

从表 5 - 4 笔者可以计算得出,对于数据 A,三组样本所得的整体分类精度以及 Kappa 系数与实际分类精度相比,分类精度的绝对误差为 0.5%,3.45% 和 2.85%,相对误差为 0.00%,4.74% 和 3.92%,Kappa 系数的绝对误差为 0.001 4,0.038 1 和 0.029 0,相对误差为 0.20%,5.50% 和 4.19%。从这些数据可以看出使用简单随机抽样对分类整体精度和 Kappa 系数的估计较为准确,接下来笔者对各类别的使用者精度和生产者精度的误差进行分析,具体数据可以参见图 5 - 4。

同样地,笔者对数据 B 与 C 也进行了同样的评价。对数据 B 进行评价时,三组样本所得的整体分类精度以及 Kappa 系数与实际分类精度相比,分类精度的绝对误差为 0.95%,−4.05% 和 0.35%,相对误差为 2.00%,−8.54% 和 0.74%,Kappa 系数的绝对误差为 1.00%,−4.14% 和 −0.02%,相对误差为 2.44%,−10.09% 和 −0.05%。对于数据 B,使用者精度和生产者精度的误差分析及具体数据可以参见表 5 - 5 和图 5 - 5。

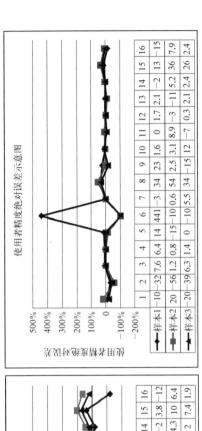

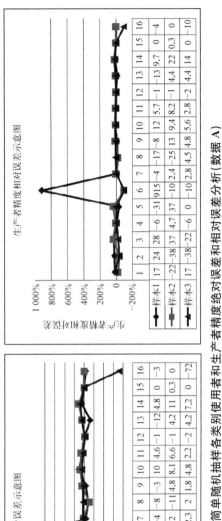

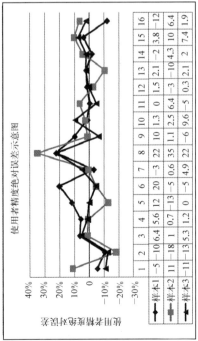

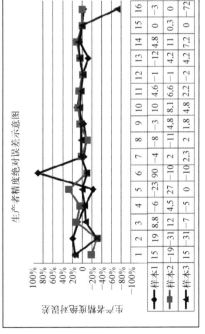

图 5－4　简单随机抽样各类别使用者和生产者精度绝对误差和相对误差分析（数据 A）

表 5-5　数据 B 精度评价(简单随机抽样方法)

评价数据	B						
抽样方法	简单随机抽样		样本数		500		
参考数据集	整幅参考影像		第一组样本		第二组样本		第三组样本
整体分类精度/%	47.45		48.40		43.40		47.80
Kappa 系数	0.410 4		0.420 4		0.369 0		0.410 2

	类　别	使用者	生产者	使用者	生产者	使用者	生产者	使用者	生产者
各类别分类精度/%	停车场	12.48	72.72	18.42	100.00	5.13	66.67	3.22	25.00
	水泥地	19.58	68.20	20.00	100.00	12.20	50.00	33.33	50.00
	街　道	95.38	0.82	100.00	2.27	NaN	0.00	0.00	0.00
	机场跑道	99.72	65.10	100.00	47.37	100.00	58.82	100.00	45.00
	网球场	98.33	69.41	100.00	50.00	100.00	100.00	NaN	NaN
	居民地	7.69	4.48	0.00	0.00	0.00	0.00	NaN	0.00
	树　木	NaN	0.00	NaN	0.00	NaN	1.00	NaN	0.00
	工业建筑	45.50	59.13	61.11	57.89	36.84	58.33	68.75	73.33
	工业用地	20.80	3.80	0.00	0.00	50.00	5.88	25.00	4.76
	耕地 1	56.82	87.45	46.51	83.33	48.14	81.25	54.05	95.23
	耕地 2	100.00	6.45	100.00	12.12	100.00	10.53	100.00	5.00
	耕地 3	86.81	91.05	89.72	86.49	84.54	86.92	88.19	88.89
	耕地 4	100.00	14.25	100.00	33.33	100.00	14.28	NaN	0.00
	草地 1	68.06	75.56	67.31	76.92	65.22	70.59	67.39	82.67
	草地 2	8.54	64.32	10.83	68.00	11.54	77.78	10.73	79.17
	草地 3	94.99	2.93	100.00	4.76	100.00	1.47	100.00	1.67

对数据 C 进行评价时,三组样本所得的整体分类精度以及 Kappa 系数与实际分类精度相比,分类精度的绝对误差为 0.75%,1.15% 和 0.75%,相对误差为 7.32%,11.22% 和 7.32%,Kappa 系数的绝对误差为 0.002 1,0.016 4 和 0.006 0,相对误差为 3.02%,23.56% 和 8.62%。使用者精度和生产者精度的误差分析及具体数据可以参见表 5-6 和图 5-6。

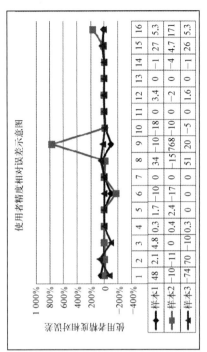
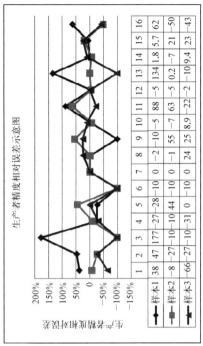
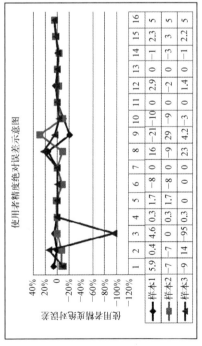
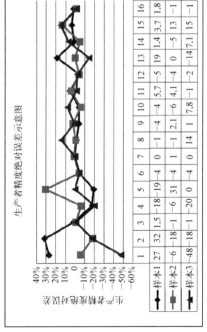

图 5－5　简单随机抽样各类别使用者和生产者精度绝对误差和相对误差分析（数据 B）

表 5-6　数据 C 精度评价(简单随机抽样方法)

评价数据	C						
抽样方法	简单随机抽样		样本数		500		
参考数据集	整幅参考影像		第一组样本		第二组样本		第三组样本
整体分类精度/%	10.25		11.00		11.40		11.00
Kappa 系数	0.069 6		0.071 7		0.086 0		0.075 6

	类别	使用者	生产者	使用者	生产者	使用者	生产者	使用者	生产者
	停车场	4.37	77.77	7.86	100.00	3.61	100.00	3.66	75.00
	水泥地	28.88	69.51	20.00	100.00	16.67	50.00	33.33	50.00
	街道	31.27	8.34	14.28	4.54	41.67	10.00	33.33	15.62
	机场跑道	NaN	0.00	NaN	0.00	NaN	0.00	NaN	0.00
	网球场	95.16	69.41	50.00	50.00	100.00	100.00	NaN	NaN
各类别分类精度/%	居民地	0.43	36.53	0.71	100.00	0.00	0.00	1.34	66.67
	树木	62.06	75.00	54.72	65.91	70.18	85.10	62.07	75.00
	工业建筑	3.60	18.70	5.40	21.05	5.17	25.00	3.08	13.33
	工业用地	1.30	5.78	1.05	3.33	2.06	11.76	1.85	9.52
	耕地1	NaN	0.00	NaN	0.00	NaN	0.00	NaN	0.00
	耕地2	0.00	0.00	NaN	0.00	NaN	0.00	NaN	0.00
	耕地3	26.98	5.02	38.10	7.21	0.00	0.00	25.00	3.17
	耕地4	100.00	0.07	NaN	0.00	NaN	0.00	NaN	0.00
	草地1	NaN	0.00	NaN	0.00	NaN	0.00	NaN	0.00
	草地2	NaN	0.00	NaN	0.00	NaN	0.00	NaN	0.00
	草地3	NaN	0.00	NaN	0.00	NaN	0.00	NaN	0.00

　　综合上述数据,笔者可得对于分类精度不同的数据 A,B,C,分别采用三组简单随机抽样的分类精度和 Kappa 系数估计的相对误差和绝对误差如表 5-7 所示,其中分类的绝对误差和相对误差以及 Kappa 系数的相对误差均以百分数表示,为了方便 Kappa 系数的绝对误差也以百分数来表示,

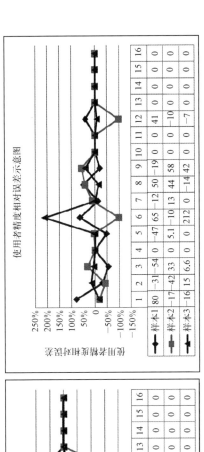

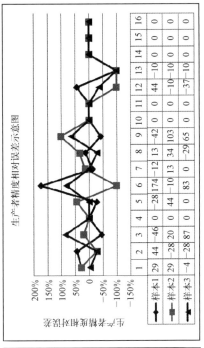

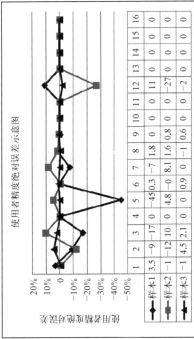

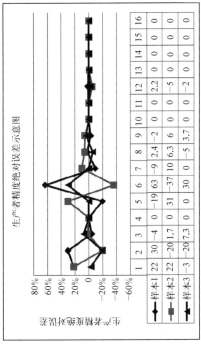

图 5 - 6　简单随机抽样各类别使用者和生产者精度绝对和相对误差分析(数据 C)

也就是将原来的 kappa 系数绝对误差乘以 100 表示在表 5－7 中。估计量分类精度和 Kappa 系数的估计值方差和估计准确度可以根据式(5－2)和式(5－3)计算得来，如表 5－7 所示。

表 5－7　简单随机抽样方法精度评价

估计量 ＼ 数据		数据 A			数据 B			数据 C		
		样本 1	样本 2	样本 3	样本 1	样本 2	样本 3	样本 1	样本 2	样本 3
整体分类	绝对误差	0.50	3.45	2.85	0.95	−4.05	0.35	0.75	1.15	0.75
	相对误差	0.00	4.74	3.92	2.00	−8.54	0.74	7.32	11.22	7.32
	绝对误差均值	2.27			−0.92			0.88		
	相对误差均值	2.89			−1.93			8.62		
	估计量方差	3.293 3			7.453 3			0.053 3		
	准确度	6.675 8			5.809 2			0.815 8		
Kappa 系数	绝对误差	0.17	3.81	2.90	1.00	−4.14	−0.02	0.21	1.64	0.60
	相对误差	0.20	5.50	4.19	2.44	−10.09	−0.05	3.02	23.56	8.62
	绝对误差均值	2.29			−1.05			1.12		
	相对误差均值	3.30			−2.57			11.73		
	估计量方差	3.652 4			7.405 7			0.546 4		
	准确度	7.648 6			6.046 7			1.031 2		

5.4.3　空间格网随机抽样

空间格网随机抽样与随机抽样的区别在于首先将整个检查区域划分成若干个面积相等的区域,然后再在每个区域内进行简单随机抽样,根据笔者实验区的大小,250 像素×375 像素,和需要采样的样本量 500,笔者的抽样设计方案如下:将整个划分为 150 个 25×25 的格网,由于样本无法平均分布在各个区域,因此笔者在每个格网内抽取 3 个样本,然后再随机在每三个格网内抽取 1 个样本,这样样本总数为 150×3＋150×1/3＝500。

同样地,为了比较分析,笔者抽取了三组样本,每组样本由在空间格网抽取的 500 个点组成,并对数据 A,B,C 分别做了评价。对数据 A 评价的结果以及数据的原始精度情况如表 5-8 所示。

表 5-8　数据 A 精度评价(空间格网随机抽样方法)

评价数据	A							
抽样方法	格网随机抽样		样本数	500	格网大小		25×25	
参考数据集	整幅参考影像		第一组样本		第二组样本		第三组样本	
整体分类精度/%	72.75		74.60		71.20		73.20	
Kappa 系数	0.6922		0.7132		0.6756		0.6973	
类别	使用者	生产者	使用者	生产者	使用者	生产者	使用者	生产者
停车场	55.43	85.50	50.00	66.67	66.67	100.00	75.00	100.00
水泥地	32.65	80.82	45.45	100.00	42.86	75.00	62.50	71.43
街道	83.64	32.06	60.00	24.32	94.74	40.00	93.33	37.84
机场跑道	88.79	95.47	82.35	93.33	80.77	100.00	91.67	95.65
网球场	87.94	72.94	100.00	100.00	0.00	NaN	100.00	100.00
居民地	4.62	9.85	0.00	0.00	0.00	0.00	0.00	0.00
树木	88.33	83.13	92.68	82.61	94.44	85.00	91.89	85.00
工业建筑	65.07	44.65	76.92	62.50	57.14	30.76	42.86	27.27
工业用地	42.67	36.34	40.00	35.29	43.48	41.67	57.89	52.38
耕地1	80.83	85.66	80.64	86.21	86.67	92.86	73.08	79.17
耕地2	72.15	80.27	77.50	83.78	65.00	78.79	74.36	76.32
耕地3	89.95	97.06	88.98	94.59	91.74	97.37	93.44	100.00
耕地4	97.94	95.76	100.00	100.00	100.00	100.00	85.71	85.71
草地1	82.36	50.09	83.64	57.50	83.33	45.45	83.33	49.45
草地2	29.07	96.01	35.71	89.28	23.17	82.61	25.00	95.00
草地3	81.08	72.12	85.18	71.88	73.33	61.11	73.08	66.67

（各类别分类精度/%）

同时,笔者可以计算得出,对于数据 A,三组样本所得的整体分类精度以及 Kappa 系数与实际分类精度相比,分类精度的绝对误差为 1.85%,−1.55% 和 0.45%,相对误差为 2.54%,−2.13% 和 0.62%,Kappa 系数的绝对误差为 0.021 0,−0.016 6 和 0.005 1,相对误差为 3.03%,−2.40% 和 0.74%。从这些数据我们可以看出使用格网随机抽样对分类整体精度和 Kappa 系数的估计较为准确,并且较简单随机抽样而言精度有所提高,接下来笔者对各类别的使用者精度和生产者精度的误差进行分析,具体数据可以参见图 5−7。

同样地,笔者对数据 B 与 C 也进行了同样的评价。对数据 B 进行评价时,三组样本所得的整体分类精度以及 Kappa 系数与实际分类精度相比,分类精度的绝对误差为 −2.05%,0.55% 和 2.35%,相对误差为 −4.32%,1.16% 和 4.95%,Kappa 系数的绝对误差为 −0.022 6,0.002 2 和 0.024 2,相对误差为 −5.51%,0.54% 和 5.90%。对于数据 B,使用者精度和生产者精度的误差分析及具体数据可以参见表 5−9 和图 5−8。

表 5−9　数据 B 精度评价(空间格网随机抽样方法)

评价数据	B							
抽样方法	格网随机抽样		样本数	500	格网大小		25×25	
参考数据集	整幅参考影像		第一组样本		第二组样本		第三组样本	
整体分类精度/%	47.45		45.40		48.00		49.80	
Kappa 系数	0.410 4		0.387 8		0.412 6		0.434 6	

	类　别	使用者	生产者	使用者	生产者	使用者	生产者	使用者	生产者
各类别分类精度/%	停车场	12.48	72.72	6.90	66.67	11.11	50.00	20.83	83.33
	水泥地	19.58	68.20	31.25	100.00	11.11	50.00	36.36	57.14
	街　道	95.38	0.82	NaN	0.00	100.00	2.22	NaN	0.00
	机场跑道	99.72	65.10	100.00	60.00	100.00	61.90	100.00	82.61
	网球场	98.33	69.41	100.00	66.67	NaN	NaN	100.00	100.00

续　表

	类　别	使用者	生产者	使用者	生产者	使用者	生产者	使用者	生产者
各类别分类精度/%	居民地	7.69	4.48	NaN	0.00	0.00	0.00	NaN	0.00
	树　木	NaN	0.00	NaN	0.00	NaN	0.00	NaN	0.00
	工业建筑	45.50	59.13	64.70	68.75	35.00	53.85	26.27	36.36
	工业用地	20.80	3.80	20.00	5.88	0.00	0.00	28.57	9.52
	耕地1	56.82	87.45	57.78	89.66	65.00	92.86	51.28	83.33
	耕地2	100.00	6.45	100.00	5.40	100.00	3.03	100.00	2.63
	耕地3	86.81	91.05	83.48	86.49	87.50	92.10	88.43	93.86
	耕地4	100.00	14.25	NaN	0.00	NaN	0.00	NaN	0.00
	草地1	68.06	75.56	59.57	70.00	65.09	78.41	69.39	74.72
	草地2	8.54	64.32	9.70	57.14	7.74	52.17	9.88	80.00
	草地3	94.99	2.93	100.00	1.56	100.00	3.70	100.00	3.51

对数据 C 进行评价时,三组样本所得的整体分类精度以及 Kappa 系数与实际分类精度相比,分类精度的绝对误差为 1.75%,－0.05% 和 2.35%,相对误差为 17.07%,－0.49% 和 22.93%,Kappa 系数的绝对误差为 0.0211,－0.0004 和－0.0696,相对误差为 30.31%,－0.57% 和 33.62%。使用者精度和生产者精度的误差分析及具体数据可以参见表 5-10 和图 5-9。

综合上述数据,笔者可得对于分类精度不同的数据 A,B,C,分别采用三组简单随机抽样的分类精度和 Kappa 系数估计的相对误差和绝对误差如表 5-11 所示,其中分类的绝对误差和相对误差以及 Kappa 系数的相对误差均以百分数表示,为了方便 Kappa 系数的绝对误差也以百分数来表示,也就是将原来的 kappa 系数绝对误差乘以 100 表示在表 5-11 中。估计量分类精度和 Kappa 系数的估计值方差和估计准确度可以根据式(5-2)

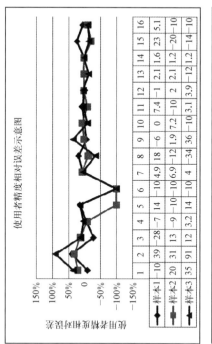

使用者精度相对误差示意图

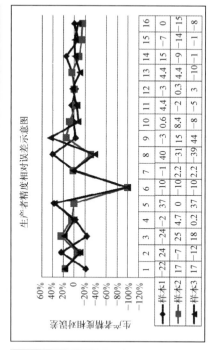

生产者精度相对误差示意图

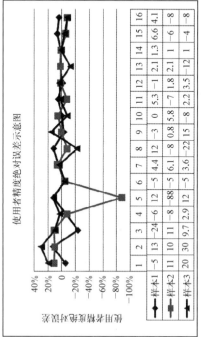

使用者精度绝对误差示意图

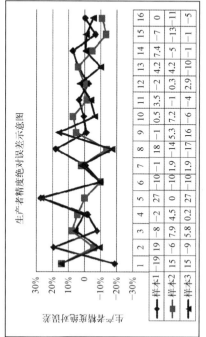

生产者精度绝对误差示意图

图 5 - 7 空间格网随机抽样各类别使用者和生产者精度绝对相对和相对误差分析（数据 A）

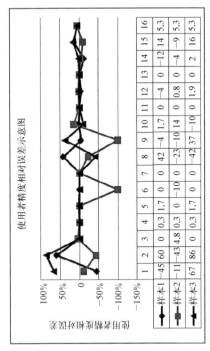

使用者精度相对误差示意图

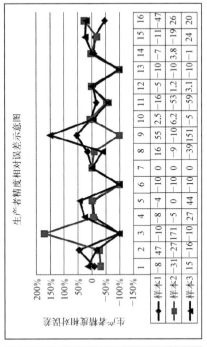

生产者精度相对误差示意图

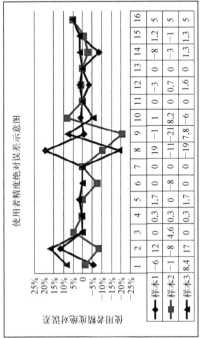

使用者精度绝对误差示意图

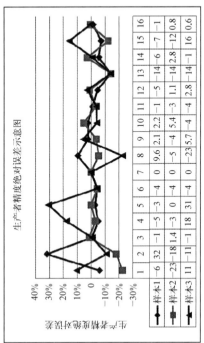

生产者精度绝对误差示意图

图 5 - 8　空间格网随机抽样各类别使用者和生产者精度绝对和相对误差分析（数据 B）

和式(5-3)计算得来,如表 5-11 所示。

表 5-10　数据 C 精度评价(空间格网随机抽样方法)

评价数据		C						
抽样方法	格网随机抽样		样本数	500	格网大小		25×25	
参考数据集	整幅参考影像		第一组样本		第二组样本		第三组样本	
整体分类精度/%	10.25		12.00		10.20		12.60	
Kappa 系数	0.069 6		0.090 7		0.069 2		0.093 0	
各类别分类精度/%	类　别	使用者	生产者	使用者	生产者	使用者	生产者	使用者	生产者
	停车场	4.37	77.77	2.38	66.67	4.60	100.00	5.68	83.33
	水泥地	28.88	69.51	45.45	100.00	18.18	50.00	50.00	57.14
	街　道	31.27	8.34	45.45	13.51	53.85	15.56	41.67	13.51
	机场跑道	NaN	0.00	NaN	0.00	NaN	0.00	NaN	0.00
	网球场	95.16	69.41	100	33.33	NaN	NaN	100.00	100.00
	居民地	0.43	36.53	0.60	100.00	1.29	100.00	0.70	33.33
	树　木	62.06	75.00	74.47	76.09	61.36	67.50	60.71	85.00
	工业建筑	3.60	18.70	3.28	12.50	3.03	15.38	5.97	36.36
	工业用地	1.30	5.78	1.06	5.88	1.00	4.17	1.96	9.52
	耕地 1	NaN	0.00	NaN	0.00	NaN	0.00	NaN	0.00
	耕地 2	0.00	0.00	NaN	0.00	NaN	0.00	NaN	0.00
	耕地 3	26.98	5.02	36.36	7.21	27.27	5.26	31.82	6.14
	耕地 4	100.00	0.07	NaN	0.00	NaN	0.00	NaN	0.00
	草地 1	NaN	0.00	NaN	0.00	NaN	0.00	NaN	0.00
	草地 2	NaN	0.00	NaN	0.00	NaN	0.00	NaN	0.00
	草地 3	NaN	0.00	NaN	0.00	NaN	0.00	NaN	0.00

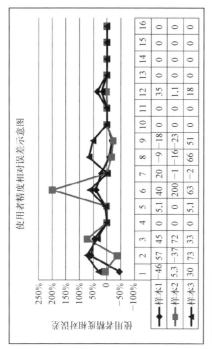

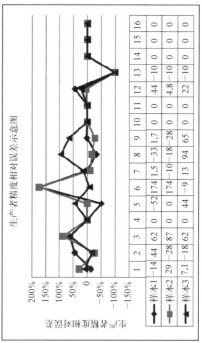

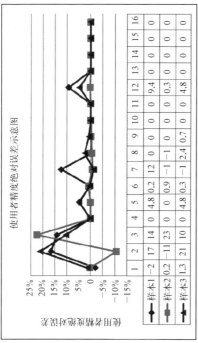

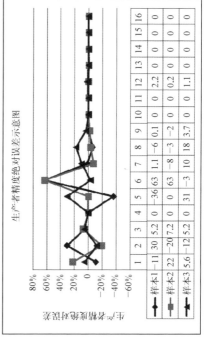

图 5 - 9 空间格网随机抽样各类别使用者和生产者精度绝对和相对误差分析（数据 C）

表 5－11　空间格网随机抽样方法精度评价

估计量	数据	数据 A			数据 B			数据 C		
		样本 1	样本 2	样本 3	样本 1	样本 2	样本 3	样本 1	样本 2	样本 3
整体分类	绝对误差	1.85	−1.55	0.45	−2.05	0.55	2.35	1.75	−0.08	2.35
	相对误差	2.54	−2.13	0.62	−4.32	1.16	4.95	17.07	−0.49	22.93
	绝对误差均值	0.25			0.28			1.35		
	相对误差均值	0.34			0.60			13.17		
	估计量方差	2.920 0			4.893 3			1.560 0		
	准确度	2.009 5			3.342 5			2.862 5		
Kappa 系数	绝对误差	2.10	−1.66	0.51	−2.26	0.22	2.42	2.11	−0.04	2.34
	相对误差	3.03	−2.40	0.74	−5.51	0.54	5.90	30.32	−0.57	33.62
	绝对误差均值	0.32			0.13			1.47		
	相对误差均值	0.46			0.31			21.12		
	估计量方差	3.562 4			5.482 1			1.723 3		
	准确度	2.475 2			3.670 8			3.309 8		

5.4.4　分层随机抽样

分层随机抽样是首先将整个区域划分为几个子总体,然后分别在各个子总体抽取样本,根据图 5－3(b)所示,该研究区域内共有 16 种地物,分别为停车场或仓储区、水泥地表、街道、机场跑道、网球场、居民地、树木、工业建筑、工业用地、耕地和草地。其中耕地有四种不同类型,草地有三种不同类型。根据不同的土里利用和覆盖类型,由于各类别的图元数相差比较悬殊,为了考虑图元抽取时的代表性,避免由于层内各类别的图元相差悬殊而导致的某种地物抽取概率过低,笔者将图元数相近的地物合并为一层,笔者将整个检查区域分为三层,也就是三个子总体,第一层由停车场或仓储区、水泥地表、街道、机场跑道组成;第二层由网球场、居民地、工业建筑、工业用地组成;第三层由树木、耕地和草地组成。然后使用按比例分配样本的方法,也就是各层样本量的比例与各层的总体比例相同。按照参考分类图的信息,笔者可以统计整个区域的图元数为 $250 \times 375 = 93\,750$ 个,各类别的图元数以及各层的图元数,以及根据样本量 500 的要求,各层根据层内图元数分配的样本量如表 5-12 所示,并分别抽取了三次样本,对数据 A,B,C 分别做了评价。

表 5-12　按比例分层随机抽样方案设计

序　号	类　别　名	图元数	合　　计	样本量
第一层	停车场或仓储区	931	2 046	11
	水泥地表	610		
	网球场	170		
	居民地	335		
第二层	机场跑道	3 817	10 752	57
	工业建筑	2 562		
	工业用地	4 373		
第三层	街　道	7 557	15 347	82
	树　木	7 790		
第四层	耕　地	33 609	65 605	350
	草　地	31 996		
合　　计		93 750	93 750	500

表 5-13 列出了采用分层随机抽样对数据 A 的分类精度评价结果,对于数据 A,三组样本所得的整体分类精度以及 Kappa 系数与实际分类精度相比,分类精度的绝对误差为 -0.15%,2.25% 和 -1.55%,相对误差为 -0.21%,3.09% 和 -2.13%,Kappa 系数的绝对误差为 $0.001\,8$,$0.024\,8$ 和 $-0.014\,5$,相对误差为 0.26%,3.58% 和 -2.09%。各类别的使用者精度和生产者精度的误差分析的具体数据可以参见图 5-10。

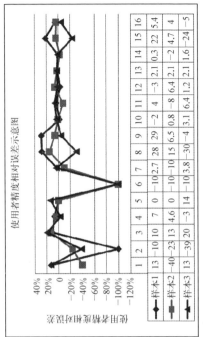

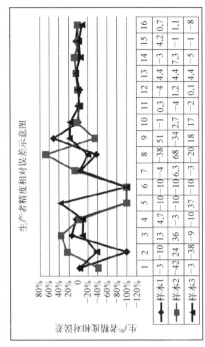

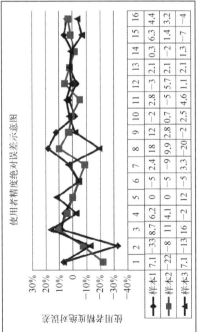

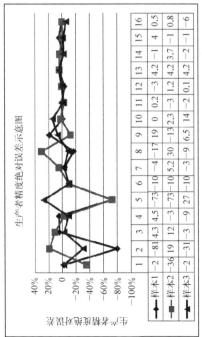

图 5 - 10　分层随机抽样(按比例)各类别使用者和生产者精度绝对和相对误差分析(数据 A)

表 5-13 数据 A 精度评价[分层随机抽样方法(按比例)]

评价数据		A						
抽样方法	分层随机抽样		样本数	500		层数		4
参考数据集	整幅参考影像		第一组样本		第二组样本		第三组样本	
整体分类精度/%	72.75		72.6		75.00		71.20	
Kappa 系数	0.692 2		0.694 0		0.717 0		0.677 7	
	类 别	使用者	生产者	使用者	生产者	使用者	生产者	使用者	生产者

各类别分类精度/%	类 别	使用者	生产者	使用者	生产者	使用者	生产者	使用者	生产者
	停车场	55.43	85.50	62.5	83.33	33.33	50.00	62.50	83.33
	水泥地	32.65	80.82	0.00	0.00	25.00	100.00	20.00	50.00
	街 道	83.64	32.06	92.31	36.36	94.44	43.59	100.00	29.27
	机场跑道	88.79	95.47	95.00	100.00	92.85	92.86	86.36	86.36
	网球场	87.94	72.94	NaN	0.00	NaN	0.00	100.00	100.00
	居民地	4.62	9.85	0.00	0.00	0.00	0.00	0.00	0.00
	树 木	88.33	83.13	90.70	79.59	79.17	88.37	91.67	80.49
	工业建筑	65.07	44.65	83.33	27.78	75.00	75.00	45.45	35.71
	工业用地	42.67	36.34	55.00	55.00	45.45	23.81	40.91	42.86
	耕地1	80.83	85.66	79.31	85.18	81.48	88.00	83.33	100.00
	耕地2	72.15	80.27	75.00	80.49	66.67	77.42	76.74	78.57
	耕地3	89.95	97.06	87.13	93.62	95.69	98.23	91.07	97.14
	耕地4	97.94	95.76	100.00	100.00	100.00	100.00	100.00	100.00
	草地1	82.36	50.09	82.61	48.72	80.64	53.76	83.67	47.67
	草地2	29.07	96.01	35.36	100.00	30.43	95.45	22.22	94.74
	草地3	81.08	72.12	85.48	72.60	84.31	72.88	77.36	66.13

表 5-14 列出了采用分层随机抽样对数据 B 的分类精度评价结果,对于数据 B,三组样本所得的整体分类精度以及 Kappa 系数与实际分类精度相比,分类精度的绝对误差为−1.65%,1.55% 和−0.05%,相对误差为

-3.48%，3.27% 和 -0.10%，Kappa 系数的绝对误差为 -0.0100，0.0132 和 0.0036，相对误差为 -2.44%，3.22% 和 0.88%。各类别的使用者精度和生产者精度的误差分析的具体数据可以参见图 5-11。

表 5-14　数据 B 精度评价[分层随机抽样方法(按比例)]

评价数据		B						
抽样方法	分层随机抽样	样本数	500		层数		4	
参考数据集	整幅参考影像		第一组样本		第二组样本		第三组样本	
整体分类精度/%	47.45		45.80		49.00		47.40	
Kappa 系数	0.4104		0.4004		0.4236		0.4140	
	类　别	使用者	生产者	使用者	生产者	使用者	生产者	使用者	生产者
各类别分类精度/%	停车场	12.48	72.72	18.52	83.33	7.41	33.33	13.89	83.33
	水泥地	19.58	68.20	0.00	0.00	6.67	50.00	0.00	0.00
	街　道	95.38	0.82	NaN	0.00	NaN	0.00	NaN	0.00
	机场跑道	99.72	65.10	100.00	78.95	100.00	57.14	100.00	54.55
	网球场	98.33	69.41	NaN	0.00	NaN	0.00	100.00	100.00
	居民地	7.69	4.48	0.00	0.00	0.00	0.00	0.00	0.00
	树　木	NaN	0.00	NaN	0.00	NaN	0.00	NaN	0.00
	工业建筑	45.50	59.13	45.00	50.00	29.41	62.50	41.18	50.00
	工业用地	20.80	3.80	0.00	0.00	33.33	9.52	0.00	0.00
	耕地 1	56.82	87.45	58.54	88.89	60.53	92.00	60.00	96.00
	耕地 2	100.00	6.45	100.00	4.88	100.00	12.90	100.00	2.38
	耕地 3	86.81	91.05	87.23	87.23	86.06	92.92	84.21	91.43
	耕地 4	100.00	14.25	100.00	37.50	NaN	0.00	100.00	18.18
	草地 1	68.06	75.56	66.33	83.33	66.02	73.12	74.49	84.88
	草地 2	8.54	64.32	11.67	72.41	10.20	68.18	8.48	73.68
	草地 3	94.99	2.93	100.00	4.11	100.00	6.78	66.67	3.22

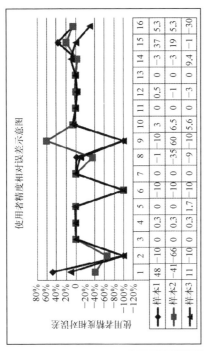

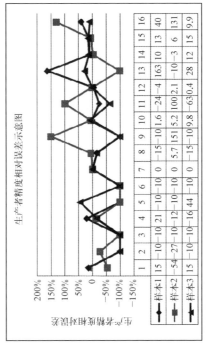

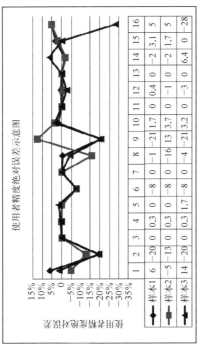

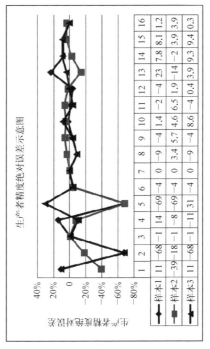

图 5 - 11　分层随机抽样（按比例）各类别使用者和生产者精度绝对和相对相对误差分析（数据 B）

　　表 5 - 15 列出了采用分层随机抽样对数据 C 的分类精度评价结果,三组样本所得的整体分类精度以及 Kappa 系数与实际分类精度相比,分类精度的绝对误差为 -0.65%,-0.25% 和 -1.25%,相对误差为 -6.34%,-2.44% 和 -12.20%,Kappa 系数的绝对误差为 -0.004 4,-0.002 1 和 -0.010 4,相对误差为 -6.32%,-3.02% 和 -14.94%。各类别的使用者精度和生产者精度的误差分析的具体数据可以参见图 5 - 12。

表 5 - 15　数据 C 精度评价[分层随机抽样方法(按比例)]

评价数据		C						
抽样方法	分层随机抽样	样本数	500		层数		4	
参考数据集	整幅参考影像	第一组样本		第二组样本		第三组样本		
整体分类精度/%	10.25	9.60		10.00		9.00		
Kappa 系数	0.069 6	0.065 2		0.067 5		0.059 2		
	类　别	使用者	生产者	使用者	生产者	使用者	生产者	使用者	生产者

	类　别	使用者	生产者	使用者	生产者	使用者	生产者	使用者	生产者
各类别分类精度/%	停车场	4.37	77.77	5.68	83.33	3.22	50.00	5.05	83.33
	水泥地	28.88	69.51	0.00	0.00	25.00	100.00	0.00	0.00
	街道	31.27	8.34	22.00	6.06	9.09	2.56	16.67	2.44
	机场跑道	NaN	0.00	NaN	0.00	NaN	0.00	NaN	0.00
	网球场	95.16	69.41	NaN	0.00	100.00	100.00	100.00	100.00
	居民地	0.43	36.53	0.00	0.00	0.71	50.00	0.65	50.00
	树木	62.06	75.00	68.63	71.43	60.00	76.74	68.75	80.49
	工业建筑	3.60	18.70	0.00	0.00	1.49	12.50	3.33	14.28
	工业用地	1.30	5.78	3.12	15.00	0.97	4.76	0.95	4.76
	耕地 1	NaN	0.00	NaN	0.00	NaN	0.00	NaN	0.00
	耕地 2	0.00	0.00	NaN	0.00	NaN	0.00	NaN	0.00
	耕地 3	26.98	5.02	20.00	3.19	33.33	6.19	5.26	0.95
	耕地 4	100.00	0.07	NaN	0.00	NaN	0.00	NaN	0.00
	草地 1	NaN	0.00	NaN	0.00	NaN	0.00	NaN	0.00
	草地 2	NaN	0.00	NaN	0.00	NaN	0.00	NaN	0.00
	草地 3	NaN	0.00	NaN	0.00	NaN	0.00	NaN	0.00

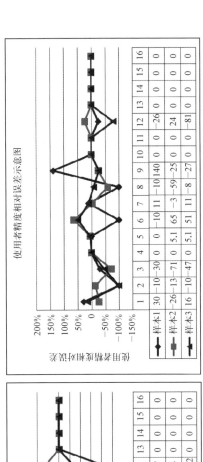

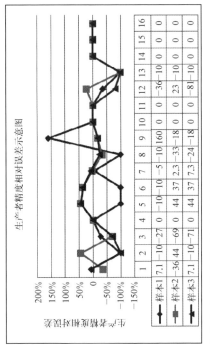

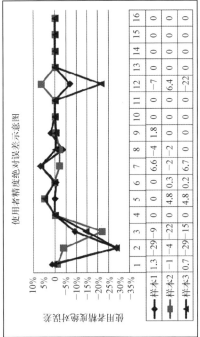

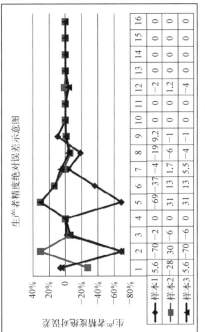

图 5－12　分层随机抽样（按比例）各类别使用者和生产者精度绝对和相对误差分析（数据 C）

综合上述数据,笔者可得对于分类精度不同的数据 A、B、C,分别采用三组简单随机抽样的分类精度和 Kappa 系数估计的相对误差和绝对误差如表 5-16 所示,其中分类的绝对误差和相对误差以及 Kappa 系数的相对误差均以百分数表示,为了方便 Kappa 系数的绝对误差也以百分数来表示,也就是将原来的 Kappa 系数绝对误差乘以 100 表示在表 5-16 中。估计量分类精度和 Kappa 系数的估计值方差和估计准确度可以根据式(5-2)和式(5-3)计算得来,如表 5-16 所示。

表 5-16　分层随机抽样方法(按比例)精度评价

估计量 \ 数据		数据 A			数据 B			数据 C		
		样本1	样本2	样本3	样本1	样本2	样本3	样本1	样本2	样本3
整体分类	绝对误差	−0.15	2.25	−1.55	−1.65	1.55	−0.05	−0.65	−0.25	−1.25
	相对误差	−0.21	3.09	−2.13	−3.48	3.27	−0.10	−6.34	−2.44	−12.20
	绝对误差均值	0.18			−0.05			−0.72		
	相对误差均值	0.25			−0.10			−6.99		
	估计量方差	3.693 3			2.560 0			0.253 3		
	准确度	2.495 8			1.709 2			0.682 5		
Kappa系数	绝对误差	0.18	2.48	−1.45	−1.00	1.32	0.36	−0.44	−0.21	−1.04
	相对误差	0.26	3.58	−2.09	−2.44	3.22	0.88	−6.32	−3.02	−14.94
	绝对误差均值	0.40			0.23			−0.56		
	相对误差均值	0.58			0.55			−8.09		
	估计量方差	3.898 6			1.358 9			0.183 6		
	准确度	2.761 8			0.957 3			0.439 8		

5.4.5　分析和讨论

在上面 5.4.1—5.4.4 节里,笔者使用样本量为 500 的抽样方案,分别使用不同的抽样方法即简单随机抽样,空间格网随机抽样以及分层随机抽样方法对三组不同的数据进行了质量评价,并且每种方法都使用了三组不同的样本进行质量评价。用于衡量抽样精度的估计量主要为整体分类精度和 Kappa 系数这两个。下面笔者将对不同方法的评价结果进行分析和讨论。

从表 5-3 可知数据 A 的原始精度情况,可知数据 A 的整理分类精度为 72.25%,Kappa 系数为 0.692 2,各类别的使用者精度和生产者精度也可以从表 5-3 中获得。而使用不同抽样方法对估计量整体分类精度和 Kappa 系数的估计值汇总如下,如表 5-17 所示。

表 5-17　数据 A 抽样检查结果汇总表

真　值	抽样方法	估计依据	估计值	绝对误差	相对误差	方　差（×10⁻⁴）	准确度(MSE)（×10⁻⁴）
整理分类精度＝72.75%	简单随机抽样	样本 1	72.80%	0.05%	0.07%	3.293 3	6.675 8
		样本 2	76.20%	3.45%	4.74%		
		样本 3	75.60%	2.85%	3.92%		
		样本均值	74.87%	2.12%	2.91%	—	—
	空间格网随机抽样	样本 1	74.60%	1.85%	2.54%	2.920 0	2.009 2
		样本 2	71.20%	−1.55%	−2.13%		
		样本 3	73.20%	0.45%	0.62%		
		样本均值	73.00%	0.25%	0.34%	—	—
	分层随机抽样	样本 1	72.60%	−0.15%	−0.21%	3.693 3	2.495 8
		样本 2	75.00%	2.25%	3.09%		
		样本 3	71.20%	−1.55%	−2.13%		
		样本均值	72.93%	0.18%	0.25%	—	—
Kappa 系数＝0.692 2	简单随机抽样	样本 1	0.693 6	0.001 4	0.20%	3.652 4	7.648 6
		样本 2	0.730 3	0.038 1	5.50%		
		样本 3	0.721 2	0.029 0	4.19%		
		样本均值	0.715 0	0.022 8	3.30%	—	—

续　表

真　值	抽样方法	估计依据	估计值	绝对误差	相对误差	方　差 （×10⁻⁴）	准确度(MSE) （×10⁻⁴）
Kappa 系数= 0.692 2	空间格网 随机抽样	样本 1	0.713 2	0.021 0	3.03%	3.562 4	2.475 2
		样本 2	0.675 6	−0.016 6	−2.40%		
		样本 3	0.697 3	0.005 1	0.74%		
		样本均值	0.695 4	0.003 2	0.46%	—	—
	分层随机 抽样	样本 1	0.694	0.001 8	0.26%	3.898 6	2.761 8
		样本 2	0.717	0.024 8	3.58%		
		样本 3	0.677 7	−0.014 5	−2.09%		
		样本均值	0.696 2	0.004 0	0.58%	—	—

　　在表 5-17 中,表的第一列真值,即数据 A 的整体分类精度和 Kappa 系数,该值通过全检而得,作为抽样检查估计量的真值,也是计算相对误差和绝对误差的依据。第二列"抽样方法"列出了当行数据所对应的抽样方法。第三列列出的是本行数据计算的依据,样本 1、样本 2 等代表的是采用某抽样方法抽取的某样本计算而得,样本均值指的是同一抽样方法内不同样本估计值的均值。第四五六列分别列出了根据不同样本和抽样方法所估计得来的估计量,以及与真值比较的绝对误差与相对误差,误差越小可以认为估计越准确。第七列和第八列分别列出了采用同一抽样方法不同样本所得的估计量的方差和准确度,方差指的是估计值散布的集中或分散程度,准确度指的是估计量的均方误差,根据估计值和估计量的真值计算得来,描述的是估计值的分散和准确程度,具体的概念可以参见 5.2.3.1节。估计量的均方误差越小,估计量越优,因此估计量的均方误差也可以作为衡量抽样方法精度的参数之一。下面笔者将对各抽样方法的绝对误差均值和估计值均方误差进行比较,分析各抽样方法的精度。

　　从图 5-13 可以很明显地看出,简单随机抽样法的抽样精度最低,在图

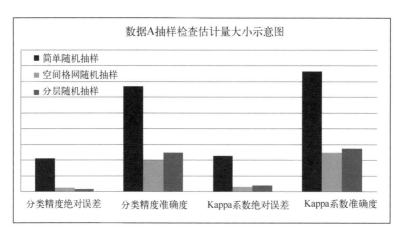

图 5-13 不同抽样方法估计量误差和准确度比较(数据 A)

中表现为分类精度绝对误差大,Kappa 系数绝对误差大,分类精度和 Kappa 系数估计的均方误差大。而空间格网随机抽样与分层随机抽样均能显著地提高抽样精度,能将各估计量的绝对误差和均方误差降低至简单随机抽样的一半以下。从数据 A 的评价结果看来,采用空间格网随机抽样方法,除了分类精度的绝对误差,其他误差均低于分层随机抽样。

从对使用者误差和生产者误差的估计情况来看,从图 5-4,图 5-7 和图 5-10 中笔者可以比较而得,采用简单随机抽样方法估算的使用者精度和生产者精度的绝对误差的范围分别为[—18%,35%]和[—72%,90%],绝对误差绝对值超过 20% 的有 8 个值,没有抽取(检查)到该类图元导致的无效值有 2 个。采用空间格网随机抽样方法估算的使用者精度和生产者精度的绝对误差的范围分别为[—88%,30%]和[—19%,27%],绝对误差绝对值超过 20% 的有 6 个值,没有抽取(检查)到该类图元导致的无效值有 1 个。采用分层随机抽样方法估算的使用者精度和生产者精度的绝对误差的范围分别为[—33%,18%]和[—81%,30%],绝对误差绝对值超过 20% 的有 5 个值,没有抽取(检查)到该类图元导致的无效值有 2 个。从这些数据看来,三类方法对使用者精度和生产者精度的判断差别不太大。

对于数据 B,根据 5.4.4 节的实验结果,笔者同样可以列出一个类似于

表 5 - 17 的表格(表 5 - 18)。

表 5 - 18　数据 B 抽样检查结果汇总表

真　值	抽样方法	估计依据	估计值	绝对误差	相对误差	方　差 (×10⁻⁴)	准确度 (MSE) (×10⁻⁴)
整理分类精度 =47.45%	简单随机抽样	样本 1	48.40%	0.95%	2.00%	7.453 3	5.809 2
		样本 2	43.40%	−4.05%	−8.54%		
		样本 3	47.80%	0.35%	0.74%		
		样本均值	46.53%	−0.92%	−1.93%		
	空间格网随机抽样	样本 1	45.40%	−2.05%	−4.32%	4.893 3	3.342 5
		样本 2	48.00%	0.55%	1.16%		
		样本 3	49.80%	2.35%	4.95%		
		样本均值	47.73%	0.28%	0.60%		
	分层随机抽样	样本 1	45.80%	−1.65%	−3.48%	2.560 0	1.709 2
		样本 2	49.00%	1.55%	3.27%		
		样本 3	47.40%	−0.05%	−0.11%		
		样本均值	47.40%	−0.05%	−0.11%		
Kappa 系数 =0.410 4	简单随机抽样	样本 1	0.420 4	0.010 0	2.44%	7.405 7	6.046 7
		样本 2	0.369	−0.041 4	−10.09%		
		样本 3	0.410 2	−0.000 2	−0.05%		
		样本均值	0.399 9	−0.010 5	−2.57%		
	空间格网随机抽样	样本 1	0.387 8	−0.022 6	−5.51%	5.482 1	3.670 8
		样本 2	0.412 6	0.002 2	0.54%		
		样本 3	0.434 6	0.024 2	5.90%		
		样本均值	0.411 7	0.001 3	0.31%		
	分层随机抽样	样本 1	0.400 4	−0.010 0	−2.44%	1.358 9	0.957 3
		样本 2	0.423 6	0.013 2	3.22%		
		样本 3	0.414	0.003 6	0.88%		
		样本均值	0.412 7	0.002 3	0.55%		

表 5-18 的格式与表 5-17 完全一致,表示了使用不同抽样方法和不同样本对数据 B 的整体分类精度和 Kappa 系数的估计情况。为了进行比较,笔者将使用不同方法估计的分类精度绝对误差,均方误差,Kappa 系数的绝对误差,均方误差在图 5-14 中列出。可以看出,与数据 A 一样,采用空间格网抽样或分层随机抽样能提高抽样精度,其误差要小于简单随机抽样一半以上。与数据 A 不同的是,对于数据 B,空间格网抽样的误差要大于分层随机抽样。

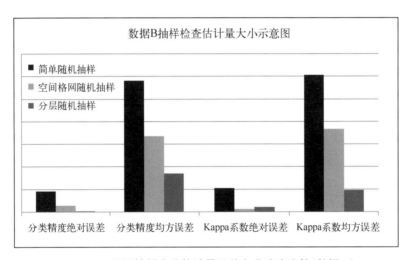

图 5-14 不同抽样方法估计量误差和准确度比较(数据 B)

从对使用者误差和生产者误差的估计情况来看,从图 5-5,图 5-8 和图 5-11 中笔者可以比较而得,采用简单随机抽样方法估算的使用者精度和生产者精度的绝对误差的范围分别为[-95%,29%]和[-48%,32%],绝对误差绝对值超过 20% 的有 8 个值,没有抽取(检查)到该类图元导致的无效值有 12 个。采用空间格网随机抽样方法估算的使用者精度和生产者精度的绝对误差的范围分别为[-21%,19%]和[-23%,32%],绝对误差绝对值超过 20% 的有 4 个值,没有抽取(检查)到该类图元导致的无效值有 16 个。采用分层随机抽样方法估算的使用者精度和生产者精度的绝对误差的范围分别为[-28%,13%]和[-69%,31%],绝对误差绝对值超过 20％的有 9 个值，没有抽取(检查)到该类图元导致的无效值有 15 个。空间格网抽样误差超过 20％的数目要明显小于其他两种方法，可以认为对数据 B 的使用者精度和生产者精度的估计更为准确。

与之类似，对于数据 C，有：

表 5－19　数据 C 抽样检查结果汇总表

真　值	抽样方法	估计依据	估计值	绝对误差	相对误差	方　差 （×10⁻⁴）	准确度 (MSE) （×10⁻⁴）
整理分类精度 ＝10.25％	简单随机抽样	样本 1	11.00％	0.75％	7.32％	0.053 3	0.825 8
		样本 2	11.40％	1.15％	11.22％		
		样本 3	11.00％	0.75％	7.32％		
		样本均值	11.13％	0.88％	8.62％		
	空间格网随机抽样	样本 1	12.00％	1.75％	17.07％	1.56	2.862 5
		样本 2	10.20％	0.05％	0.49％		
		样本 3	12.60％	2.35％	22.93％		
		样本均值	11.60％	1.35％	13.17％		
	分层随机抽样	样本 1	9.60％	0.65％	6.34％	0.253 3	0.682 5
		样本 2	10.00％	0.25％	2.44％		
		样本 3	9.00％	1.25％	12.20％		
		样本均值	9.53％	0.72％	6.99％		
Kappa 系数 ＝0.069 6	简单随机抽样	样本 1	0.071 7	0.002 1	3.02％	0.546 4	1.031 2
		样本 2	0.086	0.016 4	23.56％		
		样本 3	0.075 6	0.006 0	8.62％		
		样本均值	0.077 8	0.008 2	11.73％		
	空间格网随机抽样	样本 1	0.090 7	0.021 1	30.32％	1.723 3	3.309 8
		样本 2	0.069 2	0.000 4	0.57％		
		样本 3	0.093	0.023 4	33.62％		
		样本均值	0.084 3	0.014 7	21.12％		

续　表

真　值	抽样方法	估计依据	估计值	绝对误差	相对误差	方　差 (×10⁻⁴)	准确度 (MSE) (×10⁻⁴)
Kappa 系数 =0.069 6	分层随机 抽样	样本 1	0.065 2	0.004 4	6.32%	0.183 6	0.439 8
		样本 2	0.067 5	0.002 1	3.02%		
		样本 3	0.059 2	0.010 4	14.94%		
		样本均值	0.064 0	0.005 6	8.09%		

以及：

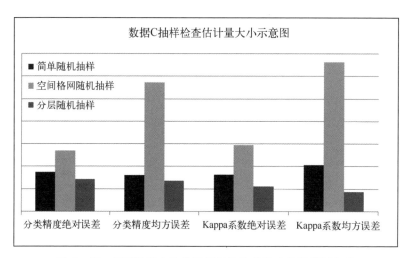

图 5‑15　不同抽样方法估计量误差和准确度比较(数据 C)

　　从表 5‑19 和图 5‑15 笔者可以看出,与前面的数据 A,B 一致,分层抽样方法与简单随机抽样方法相比,体现出了更高的抽样精度;不同之处在于,在空间格网随机采样中出现了两次误差较大的估计量(样本 1 与样本 3 的分类精度和 Kappa 系数的相对误差达到了 20%以上),使得在前面两次实验中都体现了可观优势的空间格网采样的误差要远大于其他两种抽样方法。究其原因的话,一方面,这样的大误差在抽样检查中是可能出现的,只是出现概率较低;另外一方面,除随机因素外,数据 C 的质量太差

(整体分类精度只有 10.25%)导致的数据 C 整体相对误差偏大,也是导致空间格网抽样精度偏低的因素之一。

从对使用者误差和生产者误差的估计情况来看,从图 5-6,图 5-9 和图 5-12 中可以比较而得,采用简单随机抽样方法估算的使用者精度和生产者精度的绝对误差的范围分别为[-45%, 11%]和[-48%, 32%],绝对误差绝对值超过 20%的有 9 个值,没有抽取(检查)到该类图元导致的无效值有 40 个。采用空间格网随机抽样方法估算的使用者精度和生产者精度的绝对误差的范围分别为[-11%, 23%]和[-36%, 63%],绝对误差绝对值超过 20%的有 8 个值,没有抽取(检查)到该类图元导致的无效值有 41 个。采用分层随机抽样方法估算的使用者精度和生产者精度的绝对误差的范围分别为[-29%, 6.4%]和[-70%, 31%],绝对误差绝对值超过 20%的有 12 个值,没有抽取(检查)到该类图元导致的无效值有 40 个。从绝对误差区间和超限值数目来看,空间格网抽样对数据 C 的使用者精度和生产者精度的估计要稍高于另外两种方法。

根据上述的分析和数据,对遥感分类影像的精度进行评价的时候,笔者可以给出如下结论:

(1) 不同抽样方式下的检验结果都存在一定的波动,这说明抽样方式对最终精度评价结果的影响是存在的。即使是在同一种抽样方式下,每次的精度评价结果也不完全相同,表明这两种检验方式的评价结果都存在一定的随机性。利用抽样调查替代全检是基本不可能的,只有在数据方差为 0 的时候,抽样调查才可以替代全检。

(2) 多次不同抽样结果表明,不同抽样方式下的点样本都能够大致反映出分类图像的精度特征,9 次抽样实验得到的整体分类精度的绝对误差最大值为-4.05%。

(3) 适当的抽样方法可以在样本量不变的基础上提高抽样精度,并且数据的波动性要更小。从表 5-17—表 5-19,图 5-13—图 5-15 中可以看出,除了数据 B 采用空间格网抽样得到了较差的精度外,其他的实验看来,与简单随机抽样相比,采用空间格网抽样使得整体分类精度和 Kappa 系数的估计量均方根误差降低 2.5×10^{-4} 到 4.7×10^{-4} 不等,采用分层抽样能够使得整体分类精度和 Kappa 系数的估计量均方根误差降低 0.14×10^{-4} 到 5.9×10^{-4} 不等。

(4) 对现有遥感影像分类产品而言,可以认为质量越好的数据,采用相同方法和样本量的抽样精度越好。非常需要注意的一点是:从笔者的实验结果来看,质量最差(整体分类精度 10%)的数据 C 在数据 A,B 和 C 中具有最高的分类精度,从数值上来看抽样的精度并不与遥感分类影像数据本身的质量情况成正比。质量极好和极差的影像抽样精度要高于质量一般的影像分类数据的抽样精度,呈"两头高于中间"的现象。但根据现有分类产品的质量现状,由于出现质量较差(分类精度小于 50%)的分类数据概率较低,笔者可以认为质量越好的数据,采用相同方法和样本量的抽样精度越好。这同样也是很多抽样方案中,质量较好的数据可以适当降低样本量的理论依据之一。

(5) 对现有遥感影像分类产品而言,质量越差的数据,采用适当的抽样方法对抽样精度的提高效果越明显。(4)与(5)这两条结论来自与抽样方法的基本理论:"样本量不变,总体方差越大,抽样精度越低"。若以 0 和 1 分别表示遥感分类数据每个像素是否分类正确,1 为是,0 为否。根据上述三组数据均可得到一幅与分类数据等同范围的二值影像,该影像的均值即为整体的分类精度,影像的方差决定了抽样的精度,笔者可以计算得到数据 A 的分类准确性二值图像的方差为 0.445 3,数据 B 的分类准确性二值图像的方差为 0.499 4,数据 C 的分类准确性二值图像的方差为 0.302 6。从表 5-7,表 5-11 表 5-16 中的整体精度分类准确性笔者也可以看出,方差较小的数据 C(方差为 0.302 6)的整体分类准确性要小于方差较大的数据 A 与数据 B。分类数据准确性二值影像的方差越大,适当抽样方法对抽样精度的改善越明显。从图 5-13,图 5-14 和图 5-15 中笔者可以看出,对于数据 B,采用适当抽样方法对抽样精度的改善最明显,数据 A 次之,数据 C 最不明显。

(6) 在对数据质量缺乏了解的情况下(如第一次展开质量检查),更应当采用适当的抽样方法,以减小抽样调查的误差。

5.5　本　章　小　结

在本章中,笔者首先研究并提出了遥感分类数据精度评价的多层空间抽样方法。建立了多层空间抽样的模型,然后结合具体抽样技术的统计原理介绍了各抽样方法,并分析了在多层空间抽样策略中选取的不同抽样方法的原因,并详细说明了所提出的多层空间抽样策略的实施方法。

该方法的基本思路是,先充分利用对数据了解的先验情况,在采用相同样本量,无需提高检查成本(样本量)的前提下,研究如何提高抽样调查的精度的抽样方法和抽样方案设计,可以对现有的多种空间数据的质量检查方法提供参考和帮助。旨在不改变抽样量的基础上,利用其他辅助信息,提高了抽样的精度和准确性。

然后笔者以第 3 章使用的三种不同的分类方法得到的不同精度的分类数据为例,讨论不同的抽样方法在幅内抽样中的抽样精度情况,验证不同抽样方法在空间数据质量检查中的实际效果,结果表明:

(1) 采用分层随机抽样或空间随机抽样方法提高了抽样的精度。

(2) 不同精度的遥感专题数据,其抽样精度受抽样方法的影响程度不同。

(3) 对于精度情况未知或较差的数据,更适宜于使用空间格网抽样的抽样方法。

对于在用于精度评价的参考数据难以获取的情况下,本书为遥感分类数据的精度分析与评价提供了一种有效方法。

第6章
结论与展望

　　作为新兴的和走在学科前沿的两类遥感方法,高光谱和机载激光雷达在各自的舞台上都有着广泛的应用和研究,高光谱由于其光谱的精细性多应用在生态农业、森林监测、地表参量反演、土壤和水质监测等环境观测领域,而机载激光雷达数据由于其坐标定位的高精度而多用在基础地图数据生产等制图绘图领域。只有二维影像而无高程信息的高光谱数据与只具备三维散点坐标而无法获取连续地表信息的激光雷达数据,若二者可以相互互补,利用各自的长处和优点,必然可以推进对现有数据的理解,也将拓宽不同数据的应用领域。同时,同作为空间数据的遥感专题数据,作为国家和城市许多重要决策的支撑数据源,还面临着一个由于数据量巨大、多种数据更新时间不一致等问题而导致的开展数据质量检查困难的问题。另一方面,作为统计学科经典的概率抽样方法和抽样检验标准体系已有了数百年的发展,并且已在工业产业各个领域的质量检查中得到了广泛应用并取得了有效的质量控制成果。若能根据遥感专题数据的特点,将抽样体系系统的引入遥感专题数据的质量检查,可以帮助现有检查的管理体系的建立并提高现有质量检查的精度和降低检查成本。

　　因此,本书首先对目前高光谱数据的处理分析、机载激光雷达与其他数据的集成应用、国内外面向对象的分类方法和理论以及在质量检查中的抽样理论的研究进行了综述和分析。然后研究了高光谱数据的成像特点、基本处理方法、高光谱定量化原理;机载激光雷达数据传感器特点、数据组织结构、滤波方法;面向对象的图像分割和提取方法;空间数据的质量和生产特点;概率抽样方法的数理原理;国内外抽样检验的相关理论和标准等理论和方法。提出并论证了:基于高光谱数据和高度数据的改进的二进制编码法;二进制编码的最小距离和最大概率匹配算法;目标对象的二进制编码规则;图像形状二进制编码的规则和最优长度;不同类型地物的二维形状表征和特点;遥感专题数据多层空间抽样策略;针对不同精度的遥感专题数据的空间抽样方案。主要的结论有:

(1) 研究和提出了一种改进的二进制编码方法(Improved Binary Encoding,IBE)。原有的二进制编码法根据光谱特征进行遥感分类,是一种基于像素(Pixel)的分类方法;而本书的改进的二进制编码法以面向对象理论为基础,是一种基于对象(Object)的遥感分类方法。同时,该编码实现了高光谱数据和机载激光雷达数据等多信息集成。根据提出的改进的二进制编码法的规则、实际经验和用户需求,本书研究了目标地物信息的二进制编码表达方法,建立了280位的编码长度的图像对象和地物目标信息表达。

(2) 研究了将概率引入改进二进制编码法的特征匹配方法。实现了目标编码和图像编码的最小距离匹配方法和最大概率匹配方法,提出了光谱、形状、高度等特征的概率模型,建立了整体概率的计算和权重设置。继而论证了不同的归属概率算法及参数对分类精度的影响,得出了如下结论:形状和高度信息的加入,有效地提高了高光谱遥感分类的精度,但若过于强调形状的权重将降低分类的精度。

(3) 定量研究了形状因子对高光谱遥感分类的影响,发现了长宽比、面积、紧致度、矩形系数、不对称性这五个参数是适宜于提取目标地物的最重要的因子。根据选取的形状因子,研究了改进的二进制编码方法中的形状因子的编码规则和编码长度,提出了依据形状因子直方图分布形状和积分值的最优编码规则,提出了对于每个形状或区域因子,5 位编码是在计算量和分类效率中取得较好平衡的编码长度,而不同形状因子的性质和直方图形状是决定最优编码原则的重要因素。

(4) 基于本书提出的改进的二进制编码方法进行了高光谱遥感影像的分类实验。在同等的实验条件下与最大似然、最小距离、马氏距离、平行六面体、二进制编码等分类方法相比,本书提出的方法需要更少的训练样本和更低的计算量,而获取了更高的分类精度,精度提高值在 4.2% ～ 57.8%,证明了该方法的可行性。

(5) 研究并提出了遥感分类数据精度评价的多层空间抽样方法。建立了多层空间抽样的模型,旨在不改变抽样量的基础上,利用其他辅助信息,提高了抽样的精度和准确性。通过对研究区三种不同精度的分类数据的对比实验,结果表明:采用分层随机抽样或空间随机抽样方法提高了抽样的精度;不同精度的遥感专题数据,其抽样精度受抽样方法的影响程度不同;对于精度情况未知或较差的数据,更适宜于使用空间格网抽样的抽样方法。对于在用于精度评价的参考数据难以获取的情况下,本书为遥感分类数据的精度分析与评价提供了一种有效方法。

本书所提出的改进的二进制编码方法和多层空间抽样策略在实验中体现了较高的精度和效果,但由于数据、时间和笔者水平所限,还存在一些问题等待更进一步的探讨,也依赖于目前遥感处理手段的发展水平,这些问题主要如下:

(1) 高光谱影像的分辨率的进一步提高,或者相应的高分辨率卫星影像或航片的加入将进一步提高道路、小的建筑的提取精度;分辨率进一步提高带来的影响是高度较高的地物经正射纠正后存在的形状变形和阴影的干扰影响,如何考虑三维地物形状经传感器变形后信息的正确提取和表达,也是今后进一步研究的难点。

（2）二进制编码法实际对影像的光谱信息进行了有损压缩，并没有全部利用所有的可得信息，如何改进或提出新的方法对光谱、形状、高度等信息进行完全利用还待进一步讨论。

（3）阈值分割是面向对象的影像分析中重要的一环，不同的阈值分割效果对改进的二进制编码方法的影响是显而易见的，如何对阈值分割的精度进行评价，研究阈值分割的精度对改进的二进制编码法的精度的影响也是可以考虑研究的内容。

（4）在多层空间抽样策略体系中笔者尚未讨论空间的自相关性，而这种相关性在客观世界是真实存在的，如何利用空间数据的相关性信息辅助抽样设计，如利用遥感影像的相关性辅助 GIS 数据的抽样检查等，也是笔者正在考虑和准备进一步探讨的内容。

（5）如何将本书的研究成果在生产实践中加以推广和应用，并且与 GIS 系统和数据相结合，也是笔者进行下一步研究的方向之一。

附录 A　HyMAP 定标系数

附表 A.1　HyMAP 传感器定标系数

Band	Center wave length	Bias	Gain
1	0.442 0	0.000 00E+00	1.103 56E—03
2	0.451 7	0.000 00E+00	1.088 69E—03
3	0.466 3	0.000 00E+00	1.084 98E—03
4	0.482 2	0.000 00E+00	1.082 77E—03
5	0.497 1	0.000 00E+00	1.074 97E—03
6	0.512 0	0.000 00E+00	1.073 59E—03
7	0.527 7	0.000 00E+00	1.066 84E—03
8	0.543 3	0.000 00E+00	1.064 11E—03
9	0.558 4	0.000 00E+00	1.074 11E—03
10	0.573 3	0.000 00E+00	1.088 29E—03
11	0.588 5	0.000 00E+00	1.066 55E—03
12	0.604 0	0.000 00E+00	1.072 61E—03
13	0.619 5	0.000 00E+00	1.078 81E—03
14	0.634 6	0.000 00E+00	1.083 09E—03
15	0.649 6	0.000 00E+00	1.071 41E—03
16	0.664 6	0.000 00E+00	1.082 43E—03
17	0.679 8	0.000 00E+00	1.068 22E—03

续　表

Band	Center wave length	Bias	Gain
18	0.695 2	0.000 00E+00	1.053 92E−03
19	0.710 5	0.000 00E+00	1.044 24E−03
20	0.725 5	0.000 00E+00	1.018 44E−03
21	0.740 5	0.000 00E+00	1.037 76E−03
22	0.755 7	0.000 00E+00	1.023 31E−03
23	0.770 8	0.000 00E+00	1.035 01E−03
24	0.785 6	0.000 00E+00	1.030 47E−03
25	0.800 7	0.000 00E+00	1.021 33E−03
26	0.815 9	0.000 00E+00	1.002 09E−03
27	0.831 1	0.000 00E+00	1.008 96E−03
28	0.846 2	0.000 00E+00	1.026 42E−03
29	0.861 5	0.000 00E+00	1.023 77E−03
30	0.876 6	0.000 00E+00	1.023 24E−03
31	0.879 1	0.000 00E+00	1.022 38E−03
32	0.895 7	0.000 00E+00	1.009 82E−03
33	0.911 9	0.000 00E+00	9.956 37E−04
34	0.928 0	0.000 00E+00	9.630 05E−04
35	0.943 8	0.000 00E+00	9.586 86E−04
36	0.959 7	0.000 00E+00	9.836 93E−04
37	0.975 4	0.000 00E+00	9.942 13E−04
38	0.991 3	0.000 00E+00	1.010 65E−03
39	1.007 1	0.000 00E+00	1.019 89E−03
40	1.022 7	0.000 00E+00	1.015 85E−03
41	1.038 2	0.000 00E+00	1.016 85E−03
42	1.053 6	0.000 00E+00	1.021 05E−03
43	1.068 7	0.000 00E+00	1.023 71E−03

续　表

Band	Center wave length	Bias	Gain
44	1.083 8	0.000 00E+00	1.007 03E−03
45	1.098 9	0.000 00E+00	9.856 70E−04
46	1.113 7	0.000 00E+00	9.851 98E−04
47	1.128 6	0.000 00E+00	9.536 35E−04
48	1.143 3	0.000 00E+00	9.812 28E−04
49	1.157 8	0.000 00E+00	9.590 23E−04
50	1.172 4	0.000 00E+00	9.933 24E−04
51	1.187 1	0.000 00E+00	1.009 83E−03
52	1.201 4	0.000 00E+00	1.013 15E−03
53	1.215 6	0.000 00E+00	1.007 74E−03
54	1.230 0	0.000 00E+00	1.008 51E−03
55	1.244 4	0.000 00E+00	1.022 15E−03
56	1.258 5	0.000 00E+00	1.061 32E−03
57	1.272 5	0.000 00E+00	1.055 69E−03
58	1.286 6	0.000 00E+00	1.009 65E−03
59	1.300 5	0.000 00E+00	1.001 36E−03
60	1.314 5	0.000 00E+00	1.007 62E−03
61	1.328 5	0.000 00E+00	9.806 27E−04
62	1.341 9	0.000 00E+00	8.708 19E−04
63	1.405 2	0.000 00E+00	1.483 11E−04
64	1.419 7	0.000 00E+00	2.113 93E−04
65	1.433 8	0.000 00E+00	2.353 59E−04
66	1.448 1	0.000 00E+00	2.234 95E−04
67	1.462 1	0.000 00E+00	2.298 54E−04
68	1.476 0	0.000 00E+00	2.367 46E−04
69	1.489 9	0.000 00E+00	2.359 48E−04

续　表

Band	Center wave length	Bias	Gain
70	1.503 7	0.000 00E+00	2.471 94E−04
71	1.517 2	0.000 00E+00	2.511 12E−04
72	1.530 4	0.000 00E+00	2.541 11E−04
73	1.544 0	0.000 00E+00	2.547 59E−04
74	1.557 5	0.000 00E+00	2.543 10E−04
75	1.570 6	0.000 00E+00	2.566 62E−04
76	1.583 6	0.000 00E+00	2.541 56E−04
77	1.596 5	0.000 00E+00	2.546 96E−04
78	1.609 6	0.000 00E+00	2.528 36E−04
79	1.622 4	0.000 00E+00	2.531 03E−04
80	1.635 2	0.000 00E+00	2.552 84E−04
81	1.648 0	0.000 00E+00	2.530 65E−04
82	1.660 7	0.000 00E+00	2.535 23E−04
83	1.673 0	0.000 00E+00	2.536 73E−04
84	1.685 4	0.000 00E+00	2.518 27E−04
85	1.698 0	0.000 00E+00	2.545 61E−04
86	1.710 3	0.000 00E+00	2.531 48E−04
87	1.722 5	0.000 00E+00	2.539 36E−04
88	1.734 6	0.000 00E+00	2.544 51E−04
89	1.746 8	0.000 00E+00	2.513 65E−04
90	1.758 8	0.000 00E+00	2.502 19E−04
91	1.770 7	0.000 00E+00	2.528 68E−04
92	1.782 5	0.000 00E+00	2.437 91E−04
93	1.794 4	0.000 00E+00	2.383 50E−04
94	1.806 2	0.000 00E+00	2.185 01E−04
95	1.953 1	0.000 00E+00	2.542 90E−04

续　表

Band	Center wave length	Bias	Gain
96	1.971 9	0.000 00E+00	2.473 78E-04
97	1.990 6	0.000 00E+00	2.503 32E-04
98	2.009 3	0.000 00E+00	2.797 61E-04
99	2.028 0	0.000 00E+00	2.505 72E-04
100	2.046 7	0.000 00E+00	2.498 79E-04
101	2.065 2	0.000 00E+00	2.524 13E-04
102	2.083 2	0.000 00E+00	2.522 75E-04
103	2.100 8	0.000 00E+00	2.544 63E-04
104	2.118 5	0.000 00E+00	2.566 05E-04
105	2.136 2	0.000 00E+00	2.516 57E-04
106	2.153 9	0.000 00E+00	2.531 30E-04
107	2.171 5	0.000 00E+00	2.537 64E-04
108	2.188 2	0.000 00E+00	2.545 76E-04
109	2.205 1	0.000 00E+00	2.525 72E-04
110	2.223 3	0.000 00E+00	2.533 48E-04
111	2.240 0	0.000 00E+00	2.515 74E-04
112	2.257 5	0.000 00E+00	2.537 09E-04
113	2.274 3	0.000 00E+00	2.526 77E-04
114	2.291 0	0.000 00E+00	2.564 71E-04
115	2.307 4	0.000 00E+00	2.548 76E-04
116	2.323 5	0.000 00E+00	2.495 65E-04
117	2.339 7	0.000 00E+00	2.544 05E-04
118	2.356 2	0.000 00E+00	2.523 63E-04
119	2.372 4	0.000 00E+00	2.505 82E-04
120	2.388 4	0.000 00E+00	2.476 69E-04
121	2.404 2	0.000 00E+00	2.484 80E-04

Band	Center wave length	Bias	Gain
122	2.419 8	0.000 00E+00	2.467 34E—04
123	2.435 3	0.000 00E+00	2.469 24E—04
124	2.450 8	0.000 00E+00	2.441 45E—04
125	2.466 5	0.000 00E+00	2.418 41E—04
126	2.481 9	0.000 00E+00	2.345 07E—04

附录 B　HyMAP 辐射改正系数

Scale factor reflectance = 100.0

Processing options：

Variable Visibility (aerosol optical depth) ························· No

Variable Water Vapor ································· Yes

Haze Removal ······································· No

Shadow Removal (Clouds/Buildings) ···················· No

Value Added Products ····························· Yes

Load Visibility Index Map ·························· No

Aerosol Type ···································· Rural

ATCOR4f (flat terrain)

Scene acquisition date (dd/mm/year)：07/06/2004

Solar zenith angle [degree] = 32.1

Solar azimuth angle [degree] = 226.8

Atmosphere：h02580_wv20_rura

Aerosol type：Rural

Constant scene visibility

Input visibility [km] = 40. 0

Final visibility [km] = 40. 0

Haze removal：no

Atmosphere = h02580_wv20_rura. atmi

Sensor = hymap04

Pixel size [m] = 5. 0

Atmosphere = h02580_wv20_rura. atmi

Calibration file = hymap04_final. cal(见附录 A)

intpol760 (interpolation of bands in 760 nm O2 region, 0 = no, 1 =
  yes) = 1

  intpol725_825 (interpol. of bands in 725/ 825 nm wv region 0 = no, 1
    = yes) = 1

  intpol940_1130 (interpol. of bands in 940/1130 nm wv region 0 = no,
    1 = yes) = 1

  intpol1400 (interpol. of bands in 1400/1900 nm wv region 0 = no, 1
    = yes) = 1

  iwv_watermask (water vapor for water pixels) = 1

1 = average of land wv used for water pixels

2 = line average of land pixels used for water pixels

  ismooth_wvmap (0 = no, 1 = yes, 50m box size) = 1

  see：/users/oe12/. idl/rese/atcor4/preference_parameters. dat

Measurement channel(s) used for water vapor retrieval

Channel = 35 at 0.9438 [micrometer]

Channel = 47 at 1.1286 [micrometer]

Reference = window channel(s) for water vapor retrieval

Ch: 31, 44 at 0.8791, 1.0838 [micrometer]

Ch: 44, 53 at 1.0838, 1.2156 [micrometer]

cloud reflectance threshold (blue-green region) = 30.0 %

water reflectance threshold (NIR region) = 5.0 %

water reflectance threshold (1600 nm region) = 3.0 %

maximum surface reflectance, cut-off limit = 90 %

see: /users/oe12/. idl/rese/atcor4/preference_parameters. dat

Data acquisition (day/month/year) = 07/06/04

Flight altitude [km asl] = 2.580

Average ground elevation [km] = 0.600

Flight heading [degree] = 3.6

Solar zenith angle [degree] = 32.1

Solar azimuth angle [degree] = 226.8

Average Visibility [km] = 40.0

Range of adjacency effect [km] = 0.200

Number of adjacency zones = 1

Global Flux (scene average) = 923.4 $\left[W\ m-2\right]$

Vegetation Index VI: RED band = 16

NIR band = 28

LAI model = 1

  VI = a0 − a1 * exp (− a2 * LAI)

a0 = 0.820

a1 = 0.780

a2 = 0.600

FPAR model: FPAR = C * $\left[1 - A * exp\ (-B * LAI)\right]$

  C = 0.900

  A = 0.950

  B = 0.380

参考文献

［1］ David L. Hyperspectral Data Analysis［J］. IEEE Signal Processing Magazine，2002，1：17‐28.

［2］ 张立福.通用光谱模式分解算法及植被指数的建立［D］.武汉：武汉大学，2005.

［3］ 张连蓬.基于投影寻踪和非线性主曲线的高光谱遥感图像特征提取及分类研究［D］.青岛：山东科技大学，2003.

［4］ Kruse F A. Use of airborne imaging spectrometer data to map minerals associated with hydrothermally altered rocks in the Northern Grapevine Mountains，Nevada，and California［J］. Remote Sensing of Environment，1989，24：31‐51.

［5］ Kruse F A，Lefkoff A B，Boardman J W，et al. The Spectral Image Processing System（SIPS）— Software for Integrated Analysis of AVIRIS Data［C］// Summaries of the 4th Annual JPL Airborne Geoscience Workshop，Jet Propulsion Laboratory Special Publication，1992，92‐14：23‐25.

［6］ Boardman J W. Automating spectral unmixing of AVIRIS data using convex geometry concepts［C］//Summaries of Fourth JPL Airborne Geoscience Workshop，Jet Propulsion Laboratory Special Publication，1993，93‐26：11‐14.

［7］ Robinson G，Gross H，Schott J. Evaluation of two applications of spectral mixing models to image fusion[J]. Remote Sensing of Environment, 2000, 71 (3): 272 – 281.

[8] Keshava N, Mustard J F. Spectral unmixing[J]. IEEE Signal Processing Magazine, 2002, 19(1): 44 – 57.

[9] Goodman J A. Hyperspectral remote sensing of coral reefs: Deriving bathymetry, aquatic optical properties and a benthic spectral unmixing classification using AVIRIS data in the Hawaiian Islands[D]. USA, California State, Davis: University of California, Davis, 2004.

[10] Klatt D. A digital filter bank for spectral matching[C]//Proceeding of ICASSP. IEEE International Conference on Acoustics, Speech, and Signal Processing, 1976, 1: 573 – 576.

[11] Homayouni S, Roux M. Hyperspectral Image Analysis for Material Mapping Using Spectral Matching[J]. International Archives of Photogrammetry and Remote Sensing, 2004, 35: 49 – 54.

[12] Van Der Meer F J, Bakker W. CCSM: cross correlogram spectral matching[J]. International Journal of Remote Sensing, 1997, 18(5): 1197 – 1201.

[13] Melgani F, Bruzzone L. Classification of hyperspectral remote sensing images with support vector machines[J]. IEEE Transactions on Geoscience and Remote Sensing, 2004, 42(8): 1778 – 1790.

[14] Pal M, Mather P M. Classification of hyperspectral remote sensing images with support vector machines[J]. Future Generation Computer Systems, 2004, 20 (7): 1215 – 1225.

[15] Mutanga O, Skidmore A K. Integrating imaging spectroscopy and neural networks to map grass quality in the Kruger National Park, South Africa[J]. Remote sensing of environment, 2004, 90(1): 104 – 115.

[16] Camps – Valls G, Bruzzone L. Kernel — based methods for hyperspectral image classification[J]. IEEE Transactions on Geoscience and Remote Sensing, 2005, 43(6): 1351 – 1362.

[17] Goel P K, Prasher S O, Patel R M, et al. Classification of hyperspectral data by decision trees and artificial neural networks to identify weed stress and nitrogen status of corn[J]. Computers and Electronics in Agriculture, 2003, 39(2): 67-93.

[18] 刘志刚. 支撑向量机在光谱遥感影像分类中的若干问题研究[D]. 武汉：武汉大学, 2004.

[19] 谷延锋. 基于核方法的高光谱图像分类和目标检测技术研究[D]. 哈尔滨：哈尔滨工业大学, 2005.

[20] Rauss P J, Daida J M, Chaudhary S. Classification of Spectral Imagery Using Genetic Programming [C]//Proceedings of the Genetic and Evolutionary Computation Conference, GECCO-2000, 726-733.

[21] Jia X. Block-based maximum likelihood classification for hyperspectral remote sensing data[C]//Proceeding of IGARSS 97. IEEE International IGARSS 97 Remote Sensing — A Scientific Vision for Sustainable Development, 1997, 2: 778-780.

[22] Rodarmel C, Shan Jie. Principal Component Analysis for Hyperspectral Image Classification[J]. Surveying and Land Information Systems, 2002, 62(2): 115-123.

[23] Mohamed R M, Farag A A. Advanced algorithms for Bayesian classification in high dimensional spaces with applications in hyperspectral image segmentation [C]//IEEE International Conference of ICIP 2005, 2: 646-649.

[24] Alam M S, Elbakary M I, Asian M S. Object detection in hyperspectral imagery by using K-means clustering algorithm with preprocessing[C]//Proceedings of SPIE, The International Society for Optical Engineering, Optical pattern recognition No. 18. Orlando, Florida: ETATS-UNIS 2007, 6574: 65740M. 1-65740M. 9.

[25] Luis O J, David A L. Hyperspectral Data Analysis and Supervised Feature Reduction via Project Pursuit[J]. IEEE Transactions on Geoscience and Remote

Sensing，1999，37(6)：2653 - 2667.

[26] Kumar S，Ghosh J，Crawford M M. Best-Bases Feature Extraction Algorithms for Classification of Hyperspectral Data[J]. IEEE Transactions on Geoscience and Remote Sensing，2001，39(7)：1368 - 1379.

[27] Qian D，Sumit C. Unsupervised Hyperspectral Image Classification Using Blind Source Separation［C］//Processing of ICASSP′03. Hong Kong：IEEE International Conference on Acoustics，Speech，and Signal，2003：437 - 440.

[28] Yamany S M，Farag A A，Hsu S Y. A fuzzy hyperspectral classifier for automatic target recognition（ATR）systems[J]. Pattern Recognition Letters，1999，20(11 - 13)：1431 - 1438.

[29] Fang Q. Neuro-fuzzy Based Analysis of Hyperspectral Imagery［J］. Photogrammetric Engineering & Remote Sensing，2008，74(10)：1235 - 1247.

[30] Kraus K，Pfeifer N. Determination of terrain models in wooded areas with airborne laser scanner data[J]. ISPRS Journal of Photogrammetry & Remote sensing，1998，53：193 - 203.

[31] 李英成,文沃根,王伟. 快速获取地面三维数据的 LIDAR 技术系统[J].测绘科学,2002,27(4)：35 - 38.

[32] 尤红建,苏林,李树楷.利用机载三维成像仪的 DSM 数据自动提取建筑物[J].武汉大学学报信息科学版,2002,27(4)：408 - 413.

[33] 张小红.机载激光扫描测高数据滤波及地物提取[D].武汉：武汉大学,2002.

[34] Silván J L，Wang L. A multi-resolution approach for filtering Lidar altimetry data[J]. ISPRS Journal of Photogrammetry & Remote Sensing，2006，61：11 - 22.

[35] Lee H S，Nicolas H Y. DTM Extraction of Lidar Returns Via Adaptive Processing[J]. IEEE Transactions on Geoscience and Remote Sensing，2003，41(9)：2063 - 2069.

[36] Flilin S，Pfeifer N. Neighborhood systems for airborne laser data［J］. Photogrammetric Engineering & Remote Sensing，2005，71(6)：743 - 755.

[37] Shan J, Sampath A. Urban DEM generation from raw Lidar data: A labeling algorithm and its performance [J]. Photogrammetric Engineering & Remote Sensing, 2005, 71(2): 217-226.

[38] Zhang K, Whitman D. Comparison of three algorithms for filtering airborne Lidar data[J]. Photogrammetric Engineering & Remote Sensing, 2005, 71(3): 313-324.

[39] Ma R. DEM generation and building detection from Lidar data [J]. Photogrammetric Engineering & Remote Sensing, 2005, 71(7): 847-854.

[40] Vu T T, Tokunaga M. Filtering airborne laser scanner data: a wavelet-based clustering method[J]. Photogrammetric Engineering & Remote Sensing, 2004, 70(11): 1267-1274.

[41] 徐逢亮,李树楷.基于激光测距的航空扫描影像中建筑物的自动提取[J].遥感学报,1999,3(3): 171-174.

[42] 邓非.基于 Lidar 和数字影像的匹配和地物提取研究[D].武汉:武汉大学,2006.

[43] Tuong T V, Masashi M, Fumio Y. Lidar-based Change Detection of Buildings in Dense Urban Areas [C]//Proceeding of IGARSS 2004. IEEE International Conference of Geoscience and Remote Sensing, 2004: 3413-3416.

[44] Franz R, John T, Simon C. Data Acquisition for 3D City Models from Lidar [C]//Proceeding of IGARSS 2005. IEEE International Conference of Geoscience and Remote Sensing, 2005, 5: 25-29.

[45] Jutzi B, Stilla U. Analysis of laser pulses for gaining surface features of urban objects[C]//Proceeding of URBAN 2003. 2nd Grss/ISPRS Joint Workshop on Remote Sensing and data fusion on urban areas, 2003: 13-17.

[46] Voegtle T, Steinle E. On the quality of object classification and automated building modeling based on laser scanning data [C]//Proceeding of IAPRS. Dresden, Germany: The International Archives of Photogrammetry, Remote Sensing and Spatial Information Sciences, 2003, XXXIV 3/W13: 8-10.

[47] Franz R. Automatic Generation of High-Quality Building Models from Lidar

Data[J]. IEEE Computer Graphics and Applications, 2003, 23(6): 42-50.

[48] Teo T A, Chen L C. Object-based building detection from Lidar data and high resolution satellite imagery[C]//Proceedings of Asian Conference on Remote Sensing. Ching-Mai, Thailand: Asian Conference on Remote Sensing, 2004: 22-26.

[49] Zhang K, Yan J, Chen S C. Automatic Construction of Building Footprints From Airborne LIDAR Data[J]. IEEE Transactions on Geoscience and Remote Sensing, 2006, 44(9): 2523-2533.

[50] Gianfranco F, Carla N, Marco S, et al. Complete classification of raw LIDAR data and 3D reconstruction of buildings[J]. Pattern Analysis & Applications, 2006, 8: 357-374.

[51] Hosoi F, Omasa K. Voxel-Based 3-D Modeling of Individual Trees for Estimating Leaf Area Density Using High-Resolution Portable Scanning Lidar [J]. IEEE Transactions on Geoscience and Remote Sensing, 2006, 44(12): 3610-3618.

[52] Parrish C E, Tuell G H, Carter W E, et al. Configuring an airborne laser scanner for detecting airport obstructions[J]. Photogrammetric Engineering & Remote Sensing, 2005, 71(1): 37-46.

[53] Yu X, Hyyppä J, Kukko A, et al. Change detection techniques for canopy height growth measurements using airborne laser scanner data[J]. Photogrammetric Engineering & Remote Sensing, 2006, 72(12): 1339-1348.

[54] Nayegandhl A, Brock J C, Wright C W, et al. Evaluating a small footprint, waveform-resolving Lidar over coastal vegetation communities[J]. Photogrammetric Engineering & Remote Sensing, 2006, 72(12): 1407-1417.

[55] Hodgson M E, Bresnahan P. Accuracy of airborne Lidar-derived elevation: empirical assessment and error budget[J]. Photogrammetric Engineering & Remote Sensing, 2004, 70(3): 331-339.

[56] Hodgson M E, Jensen J, Raber G, et al. An evaluation of Lidar-derived

elevation and terrain slope in leaf-off conditions [J]. Photogrammetric Engineering & Remote Sensing, 2005, 71(7): 817 – 823.

[57] Chasmer L, Hopkinson C, Smith B, et al. Examining the influence of changing laser pulse repetition frequencies on conifer forest canopy returns [J]. Photogrammetric Engineering & Remote Sensing, 2006, 72(12): 1359 – 1367.

[58] Zhang Y, Zhang Z, Zhang J, et al. 3D Building modeling with digital map, Lidar data and video image sequences[J]. The Photogrammetric Record, 2005, 20 (111): 285 – 302.

[59] Morris J T, Porter D, Neet M, et al. Integrating LIDAR elevation data, multi-spectral imagery and neural network modelling for marsh characterization[J]. International Journal of Remote Sensing, 2005, 26(23): 5221 – 5234.

[60] Koukoulas S, Blackburn G A. Mapping individual tree location, height and species in broadleaved deciduous forest using airborne LIDAR and multi-spectral remotely sensed data[J]. International Journal of Remote Sensing, 2005, 26(3): 431 – 455.

[61] Thomas V, Finch D A, McCaughey J H, et al. Spatial modelling of the fraction of photosynthetically active radiation absorbed by a boreal mixedwood forest using a lidar — hyperspectral approach [J]. Agricultural and Forest Meteorology, 2006, 140: 287 – 307.

[62] Zhou G, Song C, Simmers J, et al. Urban 3D GIS From Lidar and digital aerial images[J]. Computers & Geosciences, 2004, 30: 345 – 353.

[63] Hodgson M E, Jensen J R, Tullis J A, et al. Synergistic use of Lidar and color aerial photography for mapping urban parcel imperviousness [J]. Photogrammetric Engineering & Remote Sensing, 2003, 69(9): 973 – 980.

[64] Hablb A, Ghanma M, Morgan M, et al. Photogrammetric and Lidar data registration using linear features[J]. Photogrammetric Engineering & Remote Sensing, 2005, 71(6): 699 – 707.

[65] Zhu P, Lu Z, Chen X, et al. Extraction of city roads through shadow path

reconstruction using laser data[J]. Photogrammetric Engineering & Remote Sensing, 2004, 70(12): 1433 - 1440.

[66] Gamba P, Dell'Acqua F, Lisini G, et al. Improving building footprints in InSAR data by comparison with a Lidar DSM[J]. Photogrammetric Engineering & Remote Sensing, 2006, 72(1): 63 - 70.

[67] Mundt J T, Streutker D R, Glenn N F. Mapping sagebrush distribution using fusion of Hyperspectral and Lidar classifications [J]. Photogrammetric Engineering & Remote Sensing, 2006, 72(1): 47 - 54.

[68] Luboš M, Pavel E, Zbyněk J. A GIS-based approach to spatio-temporal analysis of environmental pollution in urban areas: A case study of Prague's environment extended by LIDAR data[J]. Ecological Modelling, 2006, 199: 261 - 277.

[69] Ma R. Building model reconstruction from Lidar data and aerial photographs [D]. USA, Ohio State: The Ohio State University, 2004.

[70] Collins C A. Comparing integrated Lidar and multispectral data with field measurements in hardwood stands[D]. USA, Mississippi State, Mississippi: Mississippi State University, 2003.

[71] Zeng Y, Zhang J, Wang G, et al. Urban land-use classification using integrated airborne laser scanning data and high resolution multi-spectral satellite imagery [C]//Pecora 15/Land Satellite Information IV/ISPRS Commission I/FIEOS 2002 Conference Proceedings. Hanover: University of Hannover, 2002: 1 - 8.

[72] Norido S, Kazumi F, Takahiko O, et al. An Algorithm for Distinguishing the Types of Objects on the Road Using Laser Radar and Vision[J]. IEEE Transactions on Intelligent Transportation Systems, 2002, 3(3): 189 - 195.

[73] Maas H G, Vosselman G. Two algorithms for extracting building models from raw laser altimetry data[J]. ISPRS Journal of Photogrammetry & Remote Sensing, 1999, 54: 153 - 163.

[74] Walter V. Object-based evaluation of LIDAR and multispectral data for automatic change detection in GIS databases[C]//Proceedings of ISPRS 2004.

Turkey, Istanbul: XXth ISPRS Congress, 2004, 35, Part B2: 723 - 728.

[75] Rottensteiner F, Jansa J. Automatic Extraction of Building from LIDAR Data and Aerial Images[C]//Proceedings of IAPRS, 2002. International Archives of Photogrammetry and Remote Sensing, 2002, 34, Part 4: 295 - 301.

[76] Nakagawa M, Shibasaki R, Kagawa Y. Fusion Stereo Linear CCD Image and Laser Range Data for Building 3D Urban Model[C]//Proceedings of IAPRS, 2002. International Archives of Photogrammetry and Remote Sensing, 2002, 34, Part 4: 200 - 211.

[77] Kiema J B K. Effect of Wavelet Compression on the Automatic Classification of Urban Environments Using High Resolution Multispectral Imagery and Laser Scanning Data[C]//Proceedings of IAPRS, 2000. International Archives of Photogrammetry and Remote Sensing, 2000, XXXIII, Part B3: 488 - 495.

[78] Visual Learning Systems. User Manual: Feature Analyst Extension for Arcview/ArcGIS, Missoula, MT: Visual Learning Systems, 2002.

[79] Herold M, Guenther S, Clarke K C. Mapping Urban Areas in the Santa Barbara South Coast using IKONOS and eCognition[J]. eCognition Application Note, Munchen: Definiens GmbH, 2003, 4(1): 2.

[80] Benz U, Hofmann P, Willhauck G, et al. Multi-resolution, object-oriented fuzzy analysis of remote sensing data for GIS-ready information[J]. ISPRS Journal of Photogrammetry and Remote Sensing, 2004, 58(3 - 4): 239 - 258.

[81] Blaschke T, Hay G. Object-oriented image analysis and scale-space: Theory and methods for modeling and evaluating multi-scale landscape structure[C]//Proceedings of IAPRS, 2001. International Archives of Photogrammetry and Remote Sensing, 2001, 34(4/W5): 22 - 29.

[82] Guo Q, Kelly M, Gong P, et al. An object-based classification approach in mapping tree mortality using high spatial resolution imagery[J]. GIScience & Remote Sensing, 2007, 44(1): 1 - 24.

[83] Hay G, Blaschke T, Marceau D, et al. A comparison of three image-object

methods for the multiscale analysis of landscape structure[J]. ISPRS Journal of Photogrammetry & Remote Sensing, 2003, 57(5): 1 - 19.

[84] Benz U. Definiens Imaging GmbH: Object-Oriented Classification and Feature Detection[J]. IEEE Geoscience and Remote Sensing Society Newsletter, 2001: 16 - 20.

[85] Forman R T T. Land Mosaics: The ecology of landscapes and regions[M]. Cambridge: Cambridge University Press, 1995.

[86] Batistella M, Robeson S, Moran E F. Settlement Design, Forest Fragmentation, and Landscape Change in Rondonia, Amazonia[J]. Photogrammetric Engineering & Remote Sensing, 2003, 69(7): 805 - 812.

[87] Civco D L, Hurd J D, Wilson E H, et al. A comparison of land use and land cover change detection algorithms[C]//Proceedings of ASPRS 2002. Bethesda: American Society for Photogrammetry & Remote Sensing, ACSM Annual Conference and FIG XXII congress, 2002: 12.

[88] Lobo A. Image segmentation and discriminant analysis for the identification of land cover units in ecology[J]. IEEE Transactions on Geoscience and Remote Sensing, 1997, 35(5): 1 - 11.

[89] Li W, Benie G B, He D C, et al. Watershed-based hierarchical SAR image segmentation[J]. International Journal of Remote Sensing, 1999, 20 (17): 3377 - 3390.

[90] Cheng H D, Jiang X H, Sun Y, et al. Color image segmentation: Advances and prospects[J]. Pattern Recognition, 2001, 34(12): 2259 - 2281.

[91] Wang Z, Song C, Wu Z, et al. Improved watershed segmentation algorithm for high resolution remote sensing images using texture[C]//Proceedings of IEEE International Geoscience and Remote Sensing Symposium. Soul, Korea, 2005, 5, 25 - 29: 3721 - 3723.

[92] Baatz M, Schipe A. 1999, Object-oriented and multi-scale image analysis in semantic networks [C]//Proceeding of the 2nd International Symposium on

Operationalization of Remote Sensing. Enschede，ITC：August 16″C20. http：// www. Definiens-imaging. com/ documents/publications/itc 1999. pdf.

[93] Walter V. Object-based classification of remote sensing data for change detection [J]. ISPRS Journal of Photogrammetry and Remote Sensing，2004，58(3－4)： 225－238.

[94] Antonarakisa A S，Richardsa K S，Brasingtonb J. Object-based land cover classification using airborne LiDAR[J]. Remote Sensing of Environment，2008， 112(6)：2988－2998.

[95] Liu J，Pattey E，Nolin M C. Object-based classification of high resolution SAR images for within field homogeneous zone delineation[J]. Photogrammetric Engineering and Remote Sensing，2008，74(9)：1159－1168.

[96] Im J，Jensen J R，Tullis J A. Object-based change detection using correlation image analysis and image segmentation[J]. International Journal of Remote Sensing，2008，29(2)：399－423.

[97] Liu Y，Guo Q，Kelly M. A framework of region-based spatial relations for non-overlapping features and its application in object based image analysis[J]. ISPRS Journal of Photogrammetry & Remote Sensing，2008，63：461－475.

[98] Van Coillie F M B，Verbeke L P C，De Wulf R R. Feature selection by genetic algorithms in object-based classification of IKONOS imagery for forest mapping in Flanders，Belgium[J]. Remote Sensing of Environment，2007，110(4)： 476－487.

[99] Tzotsos A. A Support Vector Machine Approach for Object Based Image Analysis[C]//Proceedings of OBIA 2006. Salzburg，Germany：1st International Conference on Object-based Image Analysis，2006.

[100] Voss M，Sugumaran R. Seasonal effect on tree species classification in an urban environment using hyperspectral data，LiDAR，and an object-oriented approach [J]. Sensors，2008，8(5)：3020－3036.

[101] Greiwe A，Ehlers M. Combined analysis of hyperspectral and high resolution

image data in an object oriented classification approach[C]//Proceedings of 3rd International Symposium on Remote Sensing and Data Fusion over Urban Areas 2005. 3rd International Symposium on Remote Sensing and Data Fusion over Urban Areas，2005：13－15.

[102] Harken J，Sugumaran R. Classification of Iowa wetlands using an airborne hyperspectral image：a comparison of the spectral angle mapper classifier and an object-oriented approach[J]. Canadian Journal of Remote Sensing，2005，31(2)：167－174.

[103] 王家耀.空间信息系统原理[M].北京：科学出版社,2001.

[104] 史文中.空间数据与空间分析不确定性原理[M].北京：科学出版社,2005.

[105] 汤国安,刘学军,闾国年.数字高程模型及地学分析的原理与方法[M].北京：科学出版社,2005.

[106] 朱长青,史文中.空间分析建模与原理[M].北京：科学出版社,2006.

[107] 王新洲.模糊空间信息处理[M].武汉：武汉大学出版社,2003.

[108] 胡圣武.GIS质量评价与可靠性分析[M].北京：测绘出版社,2006.

[109] 承继成,郭华东,史文中,等.遥感数据的不确定性问题[M].北京：科学出版社,2004.

[110] Minasnya B，McBratneya A B，Walvoort D J J. The variance quadtree algorithm：Use for spatial sampling design[J]. Computers & Geosciences，2007，33：383－392.

[111] Stein A，Ettema C. An overview of spatial sampling procedures and experimental design of spatial studies for ecosystem comparisons [J]. Agriculture，Ecosystems and Environment，2003，94：31－47.

[112] 刘大杰,史文中,童小华,等.GIS空间数据的精度分析和质量控制[M].上海：上海科学技术文献出版社,1999.

[113] Stehman S V，Czaplewski R L. Design and Analysis for Thematic Map Accuracy Assessment：Fundamental Principles [J]. Remote Sensing of Environment，1998，64：331－334.

［114］ Janssen L L F，Van Der Wel F J M. Accuracy Assessment of Satellite Derived Land-cover Data：A Review［J］. Photogrammetric Engineering & Remote Sensing，1994，60：419 - 426.

［115］ Conese C，Maselli F. Use of Error Matrices to Improve Area Estimates with Maximum Likelihood Classification Procedures［J］. Remote Sensing of Environment，1992，40：113 - 124.

［116］ Knick S T，Rotenberry J T，Zarriello T J. Supervised Classification of Landsat TM Imagery in A Semi-arid Rangeland by Nonparametric Discriminate Analysis ［J］. Photogrammetric Engineering & Remote Sensing，1997，63：79 - 86.

［117］ 刘正军,王长耀,延昊,等.基于 Fuzzy ARTMAP 神经网络的高分辨率图像土地覆盖分类及其评价[J].中国图象图形学报,2003,8(2)：151 - 154.

［118］ 李连发,王劲峰,刘纪远.国土遥感调查的空间抽样优化决策[J].中国科学：地球科学,2004,34(10)：975 - 982.

［119］ 胡潭高,张锦水,潘耀忠,等.基于不同抽样方法的遥感面积测量方法研究[J].国土资源遥感,2008,3：37 - 41.

［120］ 梁进社,张华.土地利用变化遥感监测精度评价系统——以随机抽样为基础的方法[J].地理研究,2004,23(01)：29 - 37.

［121］ 刘旭拢,何春阳,潘耀忠,等.遥感图像分类精度的点、群样本检验与评估[J].遥感学报,2006,10(3)：366 - 372.

［122］ Brunn A，Fischer C，Dittmann C，et al. Quality Assessment，Atmospheric and Geometric Correction of airborne hyperspectral HyMAP Data［C］//Proceedings of 3rd EARSeL Workshop on Imaging Spectroscopy，2003. Herrsching：3rd EARSeL Workshop on Imaging Spectroscopy，2003：13 - 16.

［123］ Richter R，Schlaepfer D. Geo-atmospheric processing of airborne imaging spectrometry data. Part 2：atmospheric/topographic correction ［J］. International Journal of Remote Sensing，2002，23(13)：2631 - 2649.

［124］ Richter R，Muelller A，Heiden U. Aspects of operational atmospheric correction of hyperspectral imagery ［J］. International Journal of Remote

Sensing, 2002, 23(1): 145－157.

[125] Sithole G. Segmentation and Classification of Airborne Laser Scanner Data[D]. Netherlands, Delft: Delft University of Technology, 2005.

[126] Neubert M, Herold H, Meinel G. Evaluation of Remote Sensing Image Segmentation Quality — Further Results and Concepts[C]//Lang S, Blaschke T, Schöpfer E, eds. Proceedings 1st International Conference on Object-based Image Analysis (OBIA 2006). Salzburg, Germany: International Archives of Photogrammetry, Remote Sensing and Spatial Information Sciences, 2006, XXXVI－4/C42: 6, CD－ROM.

[127] Carleer A P, Debeir O, Wolff E. Assessment of very high spatial resolution satellite image segmentations[J]. Photogrammetric Engineering & Remote Sensing, 2005, 71(11): 1285－1294.

[128] Estrada F J, Jepson A D. Quantitative evaluation of a novel image segmentation algorithm [J]. Computer Vision and Pattern Recognition, 2005, 2: 1132－1139.

[129] Borsotti M, Campadelli P, Schettini R. Quantitative evaluation of color image segmentation results[J]. Pattern Recognition Letters, 1998, 19(8): 741－747.

[130] Robinson D J, Redding N J, Crisp D J. Implementation of a fast algorithm for segmenting SAR imagery[R]. Scientific and Technical Report, Australia: Defense Science and Technology Organization, 2002.

[131] Acharya T, Ray A K. Image Processing: Principles and Applications[M]. Published by Wiley－IEEE, 2005: 181－280.

[132] Blaschke T, Lang S, Hay G J. Object-Based Image Analysis: Spatial Concepts for Knowledge-Driven Remote Sensing Applications [M]. Published by Springer, 2008.

[133] Nussbaum S, Menz G. Object-based Image Analysis and Treaty Verification: New Approaches in Remote Sensing－Applied to Nuclear Facilities in Iran[M]. Published by Springer, 2008.

[134] Muchoney D M, Strahler A H. Pixel- and Site- based Calibration and Validation Methods for Evaluating Supervised Classification of Remote Sensed Data[J]. Remote Sensing of Environment, 2002, 81: 290 - 299.

[135] Kyriakidis PC, Liu X, Goodchild M F. Geostatistical mapping of thematic classification uncertainty[C]//Lunetta R L, Lyone J G, eds. Geospatial Data Accuracy Assessment, 2004. Las Vegas, U. S. : Environmental Protection Agency, Report No. EPA/600/R - 03/064: 335.

[136] Stehman SV, Czaplewski R L. Design and analysis for thematic map accuracy assessment: Fundamental Principles [J]. Remote Sensing of Environment, 1998, 64: 331 - 344.

[137] Paine D P, Kiser J D. Aerial Photography and Image Interpretation, Chapter 23: Mapping accuracy assessment[M]. 2nd ed. New York: John Wiley & Sons, 2003: 465 - 480.

[138] Jensen JR. Introductory Digital Image Processing: A Remote Sensing Perspective[M]. 3rd ed. New Jersey: Pearson Prentice Hall Upper Saddle River, 2005: 526.

[139] Felix N A, Binney D L. Accuracy assessment of a Landsat-assisted Vegetation map of the coastal plain of the Arctic National Wildlife Refuge[J]. 1989, 55 (4): 475 - 488.

[140] Congalton R G, Mead R A. A quantitative method to test for consistency and correctness in photo interpretation[J]. Photogrammetric Engineering & Remote Sensing, 1983, 49(1): 69 - 74.

[141] Foody G M. Status of land cover classification accuracy assessment[J]. Remote Sensing of Environment, 2002, 80: 185 - 201.

[142] Deming W E. Some Theory of Sampling[M]. Published by Courier Dover Publications, 1966.

[143] Sampling procedures for inspection by attributes — Part 1: Sampling schemes indexed by acceptance quality limit (AQL) for lot-by-lot inspection: ISO 2859 -

1：1999[S]. 1999.

[144] 中华人民共和国国家质量监督检验检疫总局,中国国家标准化管理委员会.计数抽样检验程序 第1部分：按接收质量限(AQL)检索的逐批检验抽样计划：GB/T 2828.1-2003/ISO 2859-1：1999[S].北京：中国标准出版社,2003.

[145] Hald A. Statistical Theory of Sampling Inspection by Attributes [M]. Published by Academic Press，1981.

[146] Bolstad P V，Lillesand T M. Rapid maximum likelihood classification[J]. Photogrammetric Engineering and Remote Sensing，1991，57(1)：64-74.

[147] Lee C，Landgrebe D A. Fast likelihood classification[J]. IEEE Transactions on Geoscience and Remote Sensing，1991，29(4)：509-517.

[148] Verhoef W，Bach H. Coupled soil-leaf-canopy and atmosphere radioactive transfer modeling to simulate hyperspectral multi-angular surface reflectance and TOA radiance data[J]. Remote Sensing of Environment，2007，109(2)：166-182.

[149] Darvishzadeh R，Skidmore A，Schlerf M，et al. LAI and chlorophyll estimation for a heterogeneous grassland using hyperspectral measurements[J]. ISPRS Journal of Photogrammetry and Remote Sensing，2008，63(4)：409-426.

[150] Martin M E，Plourde L C，Ollinge S V，et al. A generalizable method for remote sensing of canopy nitrogen across a wide range of forest ecosystems[J]. Remote Sensing of Environment，2008，112(9)：3511-3519.

[151] Bazi Y，Melgani F. Toward an optimal SVM classification system for hyperspectral remote sensing images[J]. IEEE Transactions on Geoscience and Remote Sensing，2006，44(11)：3374-3385.

[152] Ball J E，Bruce L M. Level set hyperspectral image classification using best band analysis[J]. IEEE Transactions on Geoscience and Remote Sensing，2007，45(10)：3022-3027.

[153] Heiden U，Segl K，Roessner S，et al. Determination of robust spectral features for identification of urban surface materials in hyperspectral remote sensing data

[J]. Remote Sensing of Environment，2007，111(4)：537－552.

[154] Hsu P H. Feature extraction of hyperspectral images using wavelet and matching pursuit[J]. ISPRS Journal of Photogrammetry and Remote Sensing，2007，62(2)：78－92.

[155] Duarte-Carvajalino J M，Sapiro G，Velez-Reyes M，et al. Multiscale Representation and Segmentation of Hyperspectral Imagery Using Geometric Partial Differential Equations and Algebraic Multigrid Methods[J]. IEEE Transactions on Geoscience and Remote Sensing，2008，46(8)：2418－2434.

[156] Prasad S，Bruce L M. Decision fusion with confidence-based weight assignment for hyperspectral target recognition[J]. IEEE Transactions on Geoscience and Remote Sensing，2008，46(5)：1448－1456.

[157] Rajan S，Ghosh J，Crawford M M. An active learning approach to hyperspectral data classification[J]. IEEE Transactions on Geoscience and Remote Sensing，2008，46(4)：1231－1242.

[158] Martinez P J，Perez R M，Plaza A，et al. Endmember extraction algorithms from hyperspectral images[J]. Annals of Geophysics，2006，49(1)：93－101.

[159] Martinez-Uso A，Pla F，Sotoca J M，et al. Clustering-based hyperspectral band selection using information measures[J]. IEEE Transactions on Geoscience and Remote Sensing，2007，45(12)：4158－4171.

[160] Rogge D M，Rivard B，Zhang J，et al. Integration of spatial-spectral information for the improved extraction of endmembers[J]. Remote Sensing of Environment，2007，110(3)：287－303.

[161] Serpico S B，Moser G. Extraction of spectral channels from hyperspectral images for classification purposes[J]. IEEE Transactions on Geoscience and Remote Sensing，2007，45(2)：484－495.

[162] Demir B，Erturk S. Phase correlation based redundancy removal in feature weighting band selection for hyperspectral images[J]. International Journal of Remote Sensing，2008，29(6)：1801－1807.

[163] Chou W C. Dynamic descriptors for contextual classification of remotely sensed hyperspectral image data analysis [J]. Applied Optics, 1984, 23 (21): 3889 - 3892.

[164] Mazer A S, Martin M, Lee M, et al. Image processing software for imaging spectrometry data analysis [J]. Remote Sensing of Environment, 1988, 24: 201 - 210.

[165] Viterbi A J, Omura J K. Principles of Digital Communication and Coding [M]. New York, NY: McGraw-Hill, 1979: 81.

[166] Taranik D L, Kruse F A. Iron minerals reflectance in geophysical and environmental research imaging spectrometer (GERIS) data [C]//Proceedings of the 7th Thematic Conference on Remote Sensing for Exploration Geology. Calgary, Alberta, Canada: the 7th Thematic Conference on Remote Sensing for Exploration Geology, 1989, 1: 445 - 458.

[167] Jia X, Richards J A. Binary coding of imaging spectrometer data for fast spectral matching and classification [J]. Remote Sensing of Environment, 1993, 43: 47 - 53.

[168] Qian S, Hollinger A B, Williams D, et al. Fast three-dimensional data compression of hyperspectral imagery using vector quantization with spectral-feature-based binary coding [J]. Optical Engneering, 1996, 35 (11): 3242 - 3249.

[169] Chang C I, Chakravarty S, Chen H M, et al. Spectral derivative feature coding for hyperspectral signature analysis [J]. Pattern Recognition, 2009, 42 (3): 395 - 408.

[170] Hong M H, Sung Y N, Lin X Z. Texture feature coding method for classification of liver sonography [J]. Computerized Medical Imaging and Graphics, 2002, 26: 33 - 42.

[171] Horng M H. Texture feature coding method for texture classification [J]. Optical Engineering, 2003, 42 (1): 228 - 238.

[172] Cocks T, Jenssen R, Stewart A, et al. The HyMAP Airborne Hyperspectral Sensor: The System, Calibration and Performance[C]//Schaepman M E, Schelpfer D, Itten K D, eds. Proceedings of the 1st EARSeL Workshop on Imaging Spectroscopy. Paris, France: 1st EARSeL Workshop on Imaging Spectroscopy, 2001: 37 - 42.

[173] Le Moigne J, Tilton J C. Refining image segmentation by integration of edge and region data[J]. IEEE Transactions on Geoscience and Remote Sensing, 1995, 33(3): 605 - 615.

[174] Kartikeyan B, Sarkar A, Majumder K L. A segmentation approach to classification of remote sensing imagery[J]. International Journal of Remote Sensing, 1998, 19(9): 1695 - 1709.

[175] Acharyya M, De R K, Kundu M K. Segmentation of remotely sensed images using wavelet features and their evaluation in soft computing framework[J]. IEEE Transactions on Geoscience and Remote Sensing, 2003, 41 (12): 2900 - 2905.

[176] Trias-Sanz R, Stamon G, Louchet J. Using color, texture, and hierarchical segmentation for high-resolution remote sensing [J]. ISPRS Journal of Photogrammetry and remote sensing, 2008, 63(2): 156 - 168.

[177] Donald W, Christopher F, Kwan Y T, et al. Automatic Extraction of Vertical Obstruction Information from Interferometric SAR Elevation Data [C]// Proceedings of IGARSS '04. IEEE International Conference of Geoscience and Remote Sensing Symposium, 2004, 6: 3938 - 3941.

[178] Stilla U, Soergel U, Thoennessen U. Potential and limits of InSAR data for building reconstruction in built-up areas[J]. ISPRS Journal of Photogrammetry & Remote Sensing, 2003, 58: 113 - 123.

[179] Anderson J R, Hardy E E, Roach J T, et al. Land Use And Land Cover Classification System For Use With Remote Sensor Data[M]. U. S. Geological Survey Professional Paper, No. 964. USGS, Washington, D. C. 1976.

［180］ Geographic information — Quality principles：ISO 19113：2002［S］. 2002.

［181］ Geographic information — Quality evaluation procedures：ISO 19114：2003［S］. 2003.

［182］ 中国地质调查局地质数据质量检查与评价：DD 2006－07［S］. 2006.

［183］ Xie H，Tong X H. The quality assessment and sampling model for the geological spatial data in China［C］//Proceedings of ISPRS Congress 2008. Beijing，China：ISPRS Congress 2008，WG II/7.

［184］ 李军，姜作勤，童小华. 地质数据的抽样检查方法研究［J］. 地理信息世界，2006，4(2)：8－11.

［185］ 冯士雍，施锡铨. 抽样调查-理论、方法与实践［M］. 上海：上海科学技术出版社，1996.

后　记

本书是根据笔者的博士论文撰写而成。

首先，我要感谢我的导师童小华教授，是童老师领我进入了遥感和 GIS 的科学世界，并让我享受到其中的乐趣。六年来童老师的言传身教，使我无论是为人还是治学，都受益匪浅。感谢我的两位副导师 Christian Heipke 教授和史文中教授。没有三位导师的点拨、敦促和悉心帮助，没有他们给我提供的一个个科研项目和一次次国内外研讨交流的机会，本书的完成是难以想象的。在这三年的求学过程中，他们时刻关心着我的学习、生活和工作，付出了巨大的心血和精力。而三位导师渊博的学识、敏锐的洞察力、高瞻远瞩的思维方式、充沛的工作精神和对事业的执着追求都给我留下了极深的印象，也给我工作极大的激励。

感谢刘妙龙教授，您给予我的无数帮助和倾注的心血足以让一个年轻人感怀此生。感谢党总支书记励增和研究员，您的睿智言语是我成长过程中的宝贵点滴，我从中受益无穷。感谢周德意副教授、张松林博士和陈鹏博士对我生活和工作上的帮助。感谢测量系陈义教授、沈云中教授、程效军教授、王解先教授、陈映鹰教授、王卫安教授、石忆绍教授、周炳中教授、叶勤副教授、刘春副教授、王穗辉副教授、楼立志副教授，科技处林怡老师，办公室朱红艳老师、何珺老师，系党总支王建梅老师，系资料室徐争农老师,你们的支持和帮助伴随了我整个研究生阶段的学习。

感谢课题组所有的师兄弟妹创造的良好研究氛围。感谢我的所有同学的督促和陪伴。感谢我在香港理工大学和 Hannover 工作时的所有同事,特别是 Christian Heipke 教授、Uwe soergel 教授、Peter Lohmann 博士、Monica Sester 教授、Karsten Jacobsen 博士对我的帮助,感谢在此期间我的所有朋友对我生活上的照顾。

对本书有帮助的还有中科院上海技术物理所的尹球教授,中国矿业大学的杜培军教授,武汉大学的张良培教授,同济大学长江学者,美国 Ohio State University 的李荣兴教授,同济大学海洋学院张洪恩博士,中科院对地观测研究所对地观测与数字地球科学中心的李俊生博士,德国宇航局的 Manfred Schroeder 教授、Andreas Müller 博士和 Wieke Heldens 等,在此一并感谢。

还要感谢国家留学基金委出资资助我赴德国求学,感谢同济大学土木工程学院、研究生院、出境科的相关老师为此付出的努力和辛劳。

感谢我的父母对我多年无条件支持和信任,感谢所有关心和帮助过我的人!